昆虫好きの
生態観察図鑑 I
チョウ・ガ

鈴木欣司・鈴木悦子 著

緑書房

はじめに

　本書は、昆虫をこよなく愛する著者が長年続けてきた生態観察の記録をまとめたものである。庭先や路傍で見られる多彩な昆虫に心奪われ、記録を続けるうちに気付けば129科580種ものデータが集まっていた。

　著者の住まいは、秩父山地と連続する奥武蔵の玄関口、関東平野の西の縁にある丘陵の麓である。家の周囲にはクリ畑があり、東に国道299号線、西に西武池袋線が走る。狭い庭だが「昆虫の憩いの場になってくれれば幸い」との思いから広葉樹を植樹し、花の種も蒔いてきた。さらに、いつの間にか芽生えた草木も多く繁り、わが家の庭に多くの昆虫が集まるようになった。

　夏の夕暮れ、庭のヤマザクラの木の下では2匹の黄色いガが情熱的な舞を披露する。舞い終わると後から来たガの姿は消え、テリトリーの主だけが取り残されたように幹に止まる。この美しいトビイロトラガの舞を堪能してから、夜の観察・撮影が始まる。体長5mmにも満たない小虫に、夫婦2人そろって老眼鏡で急接近して、虫たちもさぞかしびっくりしたことだろう。

　どんな昆虫にもそれぞれの良さがあり見ていて飽きることはないが、とりわけ未知なる昆虫を見つけたときの感動は格別である。お面を背負って飛んでいるように見えるクロメンガタスズメもそのような昆虫の1つだ。偶産蛾と称される珍種で、胸部の背面には人の顔に似た模様があり、これがときにはどくろや猿に見えたりする。お面の模様は個体識別にも使えそうなほどである。

　また、長年観察を続けていると、昆虫の分布が変化していることにも気が付く。これは外来種や地球温暖化の影響である。在来のナガサキアゲハやモンキアゲハ、ツマグロヒョウモンは言うに及ばず、東海から移動してきたクロコノマチョウも関東にほぼ定着し、秋型まで見られるようになった。クロモンシタバ、キモンクチバなど、大型ガも東進しながら北方へ勢力範囲を拡大している。地球環境の変化が身近な生態系に大きな影響を与えていることは確実であり、ただの関心事だけではすまされそうもない。

　庭は身近な昆虫の聖域である。小さな生態系から学ぶことも多い。「Study nature, not books（本なくして自然に学べ）」というルイ・アガシーの言葉があるが、本書では自然に生きる昆虫の姿を感じ取ってもらえるよう、臨場感あふれる写真と解説文をふんだんに収録した。昆虫観察の面白さと感動を味わってもらえれば幸いである。

2012年8月

鈴木 欣司・悦子

本書の使い方

第1巻にチョウ目29科255種、第2巻にコウチュウ目他12目100科325種を収録した。

本書に収録されている昆虫は、著者の庭先を中心に、そこから続く路傍、クリ畑の縁、ヤマグワの大木を囲む荒れ地、線路の土手沿い、切り通しのような草地まで、いずれも庭先から50mも離れていない範囲を対象にしたごくありふれた環境で見られるものである。写真はすべて著者らが自然のなかで撮影した生態写真で、昆虫のありのままの姿である。デジタルカメラのおかげで昆虫のもつ細かい色彩や形などが鮮明に写し出されている。光線の角度や光量によって昆虫の姿は極彩色に輝く。それは不思議な世界を見るようである。

【形態】
全長や開張（前翅長）などの大きさ（単位はすべて㎜）、体色や形などの形態的特徴を記した。

【分布】
国内分布は北海道から沖縄までの地域ごととし、かつ分布の特性を把握するため低い方から低地帯（標高50m以下）、台地・丘陵帯（標高50～200m）、低山帯（標高200～800m）、山地帯（標高800～1,600m）、亜高山帯（標高1,600～2,500m）、高山帯（標高2,500m以上）の6つの地帯区分に基づいて示した。

分類上の目名・科名。和名の後に学名を示した。

チョウ目タテハチョウ科
オオムラサキ *Sasakia charonda*

気品のある青紫色の美しいオオムラサキ（雄）。

【形態】開張雄100㎜前後、雌120㎜前後。雄は青紫色に輝き、雌は茶紫色。
【分布】北海道、本州、四国、九州。低地帯から低山帯。
【生態】成虫は6月下旬～7月にかけて現れ、雌は8月まで見られる。クヌギやコナラなどの雑木林や落葉樹林に棲み、よく林冠を旋回しながらテリトリーに侵入者があると塊まで追いかける。雄は占有性が強く、敏速で、樹上高くを旋回しながらテリトリーに侵入者があると塊まで追いかける。行動をとる。成虫は樹液を好み、腐熟果にも付く。幼虫はニレ科植物のエノキ、エゾエノキの葉を食べ、幼虫で枯れ葉の下で冬を越す。日本の国蝶（1957年指定）。75円切手の図柄（長野県松本市産の標本がモデル）にもなった。
【観察地の生息状況】減少種。
【都道府県別RDB】絶滅危惧I類（千葉、和歌山）、絶滅危惧II類（埼玉、滋賀、福岡、大分）、準絶滅危惧種（北海道、青森、岩手、宮城、茨城、群馬、神奈川、新潟、富山、石川、福井、愛知、三重、京都、大阪、兵庫、奈良、鳥取、島根、山口、香川、愛媛、高知、宮崎、鹿児島）。

【生態】
行動や生態、食性などについて記した。成虫の出現期（月）はあくまでも目安で、庭先への出現期（月）は見られる時期である。外来種、移動種、分布拡大など、注目度の高い話題にも触れた。また、危険な昆虫については注意を喚起した。

【観察地の生息状況】
観察地付近（埼玉県）の生息状況と数の多さについては、著者の主観に基づいて分類した。多い順に健在種、減少種、希少種、偶産種の4つに分けて記した。

【都道府県別RDB】
「都道府県別レッドデータブック（RDB）」の準絶滅危惧種以上にランク付けされている種については、ランクと都道府県を記載した（2011年12月時点）。

【俳句の季語】
種によっては、昆虫の俳句を詠むための季語を記載した。

目次

はじめに ··· 3
本書の使い方 ··· 4

チョウ目（各部位の名称） 7
　アゲハチョウ科 ··· 8
　シロチョウ科 ·· 20
　シジミチョウ科 ··· 30
　タテハチョウ科 ··· 42
　セセリチョウ科 ··· 82
　コウモリガ科 ·· 90
　ヒゲナガガ科 ·· 91
　マルハキバガ科 ··· 93
　マダラガ科 ··· 94
　イラガ科 ·· 95
　スカシバガ科 ·· 96
　ハマキモドキ科 ··· 97
　ハマキガ科 ··· 98
　トリバガ科 ··· 99
　マドガ科 ·· 100
　メイガ科 ·· 100
　ツトガ科 ·· 103
　ヤママユガ科 ·· 111
　カイコガ科 ··· 114
　スズメガ科 ··· 116
　アゲハモドキガ科 ·· 136
　ツバメガ科 ··· 137
　カギバガ科 ··· 138
　シャクガ科 ··· 142
　ドクガ科 ·· 167
　シャチホコガ科 ··· 168
　ヒトリガ科 ··· 170
　コブガ科 ·· 175
　ヤガ科 ··· 175

コラム 1　外来植物のオオアラセイトウ ·············· 29
コラム 2　オオウラギンスジヒョウモンの個体数が減少 ······ 49
コラム 3　アカボシゴマダラの分布変化 ·············· 69
コラム 4　トビイロトラガの舞い ························ 238
コラム 5　フタトガリコヤガの幼虫 2 型 ············· 249

参考文献 ··· 276
用語解説 ··· 278
索引 ··· 284
おわりに ··· 293

写真（上から）：モンキチョウ、キタテハ、シラナミクロアツバ、コウチスズメ。

チョウ目 ○各部位の名称○

(アゲハ)

(ホソトガリバ)

(アケビコノハ)

チョウ目アゲハチョウ科

アゲハ　*Papilio xuthus*

ランタナの花蜜を吸う夏型のアゲハ。

【形態】　開張は春型80mm前後、夏型100mm前後。黄色、または淡い緑色の地色に、黒の縦縞が入ったアゲハチョウ。
【分布】　北海道、本州、四国、九州、沖縄。低地帯から台地・丘陵帯。
【生態】　山には少ないが、人家の周囲に多く、市街地にも普通にいる。暖地では早春から現れ、年に2回から数回は出現する。庭先では春型は少なく、夏型は10月まで見られる。幼虫はミカン科の栽培品種(ダイダイ、キンカン、カラタチ、ユズなど)や野生種(サンショウ、イヌザンショウ、キハダ、ヒロハノキハダ、カラスザンショウ)の葉を食べて育つ。蛹で越冬。別名ナミアゲハ。
【観察地の生息状況】　健在種。
【俳句の季語】　夏(揚羽蝶)。

夏の暑さを避け、ススキの葉の間に
潜って休息するアゲハ。

アゲハの吸蜜・吸水

①開花したばかりのヤブガラシを巡り、吸蜜しているアゲハ。
②〜⑥著者の庭先では、花どきの長いムシトリナデシコ、ムギワラギク、ランタナ、スカシユリ、ヒガンバナの他、ブットレア、ハナトラノオ、ツツジ類など多種の花に付く。アゲハは翅を上げて止まるが、古くから、その姿を図案化した「揚羽の蝶」は家紋に、現代では携帯ストラップやファッションのデザインに用いられている。
⑦炎暑の日、打ち水にやってきて盛んに吸水する。

アゲハの幼虫七態

①小鳥の糞のように見える。
②幼虫の居場所はほとんどユズの葉上で、葉裏に隠れることはない。
③幼虫に触れると前胸から黄色い臭角(しゅうかく、肉角ともいう)を出し、振りながら臭気を放つ。
④若齢幼虫(右)と終齢幼虫のツーショット。
⑤孵化してから4齢までは黒と白の交じった小鳥の糞に似ているが、4回目の脱皮で5齢になると、鮮やかな緑色の大きな幼虫に変わる。幼虫の下は脱皮殻。
⑥ユズの葉を食べ終えた3匹の終齢幼虫。
⑦幼虫は育ち盛り。ユズの新葉は大方食べられてしまった。
食樹は⑤がサンショウ、他はすべてユズ。

交尾・産卵

①アゲハの交尾。
②母チョウは、腹部を反らして食樹のユズの新葉に卵を産み付ける。
③黄色い球形の卵が、1カ所に1個ずつ産み付けられる。

捕食者に狙われる存在

幼虫、成虫ともに捕食者が多い。幼虫のうちはアシナガバチやクモ、アリの餌食にされ、小さな寄生蜂(アゲハヒメバチ)にも狙われる。成虫になっても大型のクモやトンボ類に捕食される。

④花の蜜を探し求めていたアゲハがコオニヤンマに捕まって、あえない最期を遂げる。
⑤ヤマトクサカゲロウ(左)の幼虫が終齢幼虫に忍び寄って体液を吸っている。
⑥キアシナガバチに肉ダンゴにされた幼虫。

チョウ目アゲハチョウ科

キアゲハ *Papilio machaon*

春の野面でひと休み。

【形態】 開張は春型 90mm前後、夏型 100mm前後。和名は黄色いアゲハの意で、中型のアゲハチョウ。

【分布】 北海道、本州、四国、九州、沖縄。低地帯から高山帯。

【生態】 海岸草原から高山帯までの草地で見られるが、明るく開けた環境に多い。普通種だが、よく似ているアゲハに比べると数が少ない。庭ではオシロイバナ、コスモス、タンポポ、フヨウ、スカシユリなどの花に付き、野原ではアザミ類やユリ類に多く集まり、花蜜を吸う。幼虫は多種のセリ科植物(エゾニュウ、イブキゼリ、シシウド、ミヤマウイキョウなど)を食草とし、前胸には臭角(肉角)があり、これに触れるとY字形に突き出し、酪酸性の不快臭を発する。雌は葉に1卵ずつ産み付ける。しばしば家庭菜園のセリ、パセリ、ミツバ、ニンジンなどの葉を食べる。雄は谷風に乗って夏山の頂や尾根すじの露岩帯に現れ、テリトリーをつくる習性が強い(山頂占有性)。蛹で越冬。

【観察地の生息状況】 健在種。

キアゲハには細い尾(尾状突起)があり、英名でスワローテイル(ツバメの尾)と呼ばれる。

山頂(大雪山系緑岳)に飛来したキアゲハ。

チョウ目アゲハチョウ科
アオスジアゲハ *Graphium sarpedon*

翅を小刻みに振るわせて花蜜を吸う姿。抜群の飛翔力をもつ。昔の昆虫少年たちは採集の腕前を競ってアオスジアゲハを追いかけた。

【形態】 開張70mm前後。黒い地に透き通るような青色の帯が、翅の中央を縦に走る。雌雄の差がほとんどなく、くっきりとした美麗種。この青色の帯には鱗粉がなく、翅の下地の色である。

【分布】 本州、四国、九州。低地帯から台地・丘陵帯。

【生態】 アジアに広く分布し、暖地性の最も普通のアゲハチョウ。クスノキやタブノキが植栽されている庭先、寺社、学校、公園などでよく見られ、寒冷地や山地ではまれである。夏は庭先のブットレアの花を好み、ヤブガラシにもよく飛来する。蛹で越冬。

【観察地の生息状況】 減少種。

チョウ目アゲハチョウ科
ジャコウアゲハ *Atrophaneura alcinous*

ムシトリナデシコの花蜜を吸うジャコウアゲハの春型の雄。夏型よりも小型で後翅の縁に鮮赤色の紋が並ぶ。

【形態】　開張は春型100mm前後、夏型120mm前後。雄の翅は全体が黒く、後翅の縁に薄い紅色の弓張り月形の斑紋が並び、横腹は濃い紅色。雌の翅は灰褐色で、黒色の縁取りはぼやける。背後が暗いと翅が透き通って見える。

【分布】　本州、四国、九州。低地帯から台地・丘陵帯。

【生態】　雄はつかまれると、わずかにジャコウの香りを放つことから和名が付けられた。関東平野部では早いものは3月から現れ、盛夏に活動し、9月末になると急に数が減る。川原の堤防上のやぶ、鉄道の土手などの日当たりの良い荒れ地に見られる。飛翔力が弱く、低空をフワッとゆるやかに飛び、またすぐに下草に翅を休める。幼虫はウマノスズクサを食べて有毒なアリストロチンなどを体内に残留しているため、小鳥からは捕食されない。本種の数は近年になって急速に激減している。この原因として、外来生物法の要注意外来生物に指定されているホソオチョウ(アゲハチョウ科)との競合が指摘されている。蛹で越冬。別名ヤマジョロウ(山女郎)。蛹態をお菊虫と呼ぶ。屋久島以南(トカラ列島は除く)は別亜種とする。

【観察地の生息状況】　減少種。

【都道府県別RDB】　絶滅危惧II類(宮城、島根)、準絶滅危惧種(群馬)。

幼虫の食草ウマノスズクサの自生地から離れようとしない夏型の雌。

ヤブガラシの花蜜を吸いに飛び回る雄のジャコウアゲハ(夏型)。

チョウ

チョウ目アゲハチョウ科
ナガサキアゲハ *Papilio memnon*

10月、ブットレアの花蜜を吸うナガサキアゲハの雄。

【形態】　開張120mm前後。黒色の大型チョウ。雌雄とも尾状突起がないが、まれに雌に現れる。雄の裏面の前後翅の付け根と、後翅の後縁に赤色の紋がある。雌は前翅の付け根が赤色で、前後翅の白色部分は南方へ行くほど広がる。逆に本土地域のものでは消失するのもある。

【分布】　本州、四国、九州、沖縄。低地帯から台地・丘陵帯。

【生態】　成虫は4〜11月頃まで出現し、林間の蝶道を縫うようにゆるやかに飛んだり、ゆったり舞いながら花蜜を吸蜜したりする。庭先ではツツジ類、ハイビスカス、ハナトラノオ、ヤブガラシ、ヒガンバナ、ブットレアなどの花で吸蜜する。幼虫はユズ、カラタチ、ミカン、グレープフルーツなどミカン科植物の栽培種の葉を好んで食べる。本来は南方系の種だが、地球温暖化の影響や幼虫の食樹となる植物の増加などから分布が拡大しており、近年特に注目されている。関東一円ではほぼ定着し、福島県まで勢力が拡大した。学名は長崎にゆかりのあるシーボルト（ドイツ人医学者）が採集し命名した。蛹で越冬。

【観察地の生息状況】　健在種。

チョウ目アゲハチョウ科
モンキアゲハ *Papilio helenus*

夏は、クチナシの花を吸蜜する。

【形態】 開張は春型110㎜前後、夏型140㎜前後。黒地に、後翅の中央にある黄白色の斑紋が鮮やかな、日本で最大級のアゲハチョウ。雌雄の形、色彩には性差がないが、北方へ行くほど大型化する傾向がある。

【分布】 本州、四国、九州、沖縄。低地帯から低山帯。

【生態】 幼虫はミカン科植物の葉を食べて育つが、栽培品種は好まず、野生のカラスザンショウやキハダなどに産卵する。普通は年2回、5月と7月頃に羽化し、飛翔力が強い。盛夏にはクリ畑の木の間を縫うように豪快に飛び交う姿が見られる。花壇のユリやツツジ・サツキ類、谷間のクサギなどの花を好む。地球温暖化の影響により、太平洋岸沿いを北上し続けながら分布拡大するチョウの代表種として話題になった。暖地性のチョウだが、すでに南東北地方には確実に定着している。

【観察地の生息状況】 健在種。

庭先では、春はムシトリナデシコの花蜜を吸いに来る。

チョウ目アゲハチョウ科
クロアゲハ *Papilio protenor*

口は吸い型で、ストローは小顎の一部が長く伸びたもの。翅の脈は少なく、前後翅とも中央に中室がある。

ランタナの花蜜を吸っているクロアゲハの雄。

【形態】 開張は春型90㎜前後、夏型110㎜前後。雄は後翅の前縁に横並びの白色のすじ（性斑・外側は先細り）がある。雌は産卵や吸蜜中に後翅の裏面の赤い斑紋が目立つ。後翅の幅は近縁種オナガアゲハよりも広い。

【分布】 本州、四国、九州。低地帯から低山帯。

【生態】 関東では普通4月下旬から9月まで現れ、低平地から、海抜500mくらいの低山地にかけて広く分布する。日当たりを避けるように、谷間の小道や、ほの暗い林間を飛んで蝶道をつくる習性がある。雌は幼虫の食草のカラタチ、カラスザンショウ、キンカン、ウンシュウミカンなどミカン科植物の新葉、若葉に1粒ずつ卵を産み付ける。庭先では盛夏に花どきの長いスカシユリ、ランタナ、フヨウなど、谷間ではクサギ（クマツヅラ科植物）、ネムノキ（マメ科植物）などの花蜜を吸いに訪れ、雄は吸水のために湿地に舞い下りる。蛹で越冬。

【観察地の生息状況】 健在種。

チョウ目アゲハチョウ科
カラスアゲハ *Papilio dehaanii*

爪先立ちしてランタナの花に止まり、蜜を吸うカラスアゲハ。前翅裏の白帯は上へ行くほど広がる。

【形態】 開張108㎜前後。翅の表面に金緑色の鱗粉がきらめく。前翅裏面の外縁近くの白い帯は上方ほど幅が広がり、近縁種ミヤマカラスアゲハは細い。

【分布】 北海道、本州、四国、九州。低山帯から山地帯。

【生態】 成虫は5月と7〜9月に出現するが、季節によって大きさや形態、斑紋などが違う。クサギ、ネムノキ、ツツジ類、ユリ類、アザミ類などの花で吸蜜する。夏、谷間の山道や渓流沿いでは蝶道をつくって行き交う雄が見られ、ときには湿地に舞い下り、ミヤマカラスアゲハの雄と交ざりあった集団で吸水する。幼虫はミカン科植物のキハダ、コクサギ、カラタチ、サンショウ、カラスザンショウ、ハマセンダンなどの葉を食べる。近年の研究で、奄美群島・沖縄諸島(オキナワカラスアゲハ)と八重山諸島(ヤエヤマカラスアゲハ)に産するものは独立種として認められた。蛹で越冬。

【観察地の生息状況】 健在種。

【都道府県別RDB】 準絶滅危惧種(香川)。

雄の前翅後縁近くには黒いビロードの毛(性標)がある。

チョウ目シロチョウ科
ツマキチョウ *Anthocharis scolymus*

菜の花で吸蜜をするツマキチョウの雌。

- 【形態】 開張38mm前後。全体に白く、雄は翅の先(つま)が黄色く、雌は白い。
- 【分布】 北海道、本州、四国、九州。低地帯から低山帯。
- 【生態】 4～5月に1回しか現れず、山間部では出現が6月になる。春先に、モンシロチョウやスジグロシロチョウに交じって飛んでいても判別しにくいが、モンシロチョウよりも前翅が細くてやや小さく見え、ゆるやかに低くまっすぐ飛んでいく。ダイコンの他タネツケバナ、アブラナ、レンゲソウ(ゲンゲ)、タンポポなどの花を訪れる。幼虫はアブラナ科植物のイヌガラシ、カラシナ、タネツケバナ、ハタザオ、コンロンソウなどの花や果実を食べる。蛹で越冬。
- 【観察地の生息状況】 減少種。
- 【都道府県別RDB】 準絶滅危惧種(宮城)。

春の訪れを告げる可憐なツマキチョウの雄。
花はカントウタンポポ。

チョウ

菜の花へ産卵する様子。卵は花穂に1つずつ丹念に産み付けられる。

ギシギシの花穂に止まり、眠りにつくツマキチョウの雌。

チョウ目シロチョウ科

モンシロチョウ *Pieris rapae*

ムシトリナデシコの花を吸蜜するモンシロチョウ。ダイコンやキャベツなどに付着して侵入してきた外来昆虫であるとの説もある。

【形態】　翅の開張45㎜前後。前翅表面は先端が黒い三角形で中央に黒い紋のある白いチョウ。

【分布】　北海道、本州、四国、九州、沖縄。低地帯から低山帯。

【生態】　春のチョウの先駆けとして、3月下旬から姿を見せ始め、11月中旬まで現れる。日当たりの良い畑地の周辺や市街地でも多く見かけ、人家のない山地や草原では少ない。幼虫が食べるのはアブラナ科の栽培野菜に偏りがちで、野生種はあまり食べない。キャベツ、ダイコン、ハクサイ、カラシナ、ウグイスナ、タカナ、カブラ、ハボタン、ハタザオガラシ、イヌガラシなどの葉を食べる。成虫は多種の花から吸蜜するが、白、黄、紫などの花色を好むとされる。蛹で越冬。春先、出たてのモンシロチョウが悠長に飛んでいると、どこからともなく追いかけてきたヒヨドリにパクリと飲み込まれてしまう。残冬に青菜をついばみ、飢えをしのいでいたヒヨドリにとっては早春限定のごちそうなのだ。唱歌「ちょうちょ」のモデル種。

【観察地の生息状況】　健在種。

【俳句の季語】　春(紋白蝶)。

チョウ

交尾をするモンシロチョウ。雌雄の見分けは難しい。

モンシロチョウの雌は食草を探して卵(瓶型で長い)を産み、やがて死んでいく。卵は速乾性の粘液で葉裏にくっついている。

ナガコガネグモの網にかかったモンシロチョウ。捕食者はクモ、アシナガバチ、カマキリなど数多く、天敵のアオムシコマユバチなどの寄生蜂もいる。

羽化した日の晩、ヤブガラシの茎で眠りにつくモンシロチョウ。

チョウ目シロチョウ科
キタキチョウ *Eurema mandarina*

ノハラアザミの花で吸蜜中のキタキチョウ。翅の裏の斑点が濃い秋型。

【形態】　開張36mm前後。鮮やかな黄色いチョウ。
【分布】　本州、四国、九州、沖縄。低地帯から山地帯。
【生態】　キチョウ属で最も普通な種。飛び方は弱く、低いところをひらひら飛ぶ。早春最初に飛び出すのは、前年の秋に羽化して成虫(秋型)で越冬したもので、食草や食樹の新芽が出始める頃から産卵を始める。4～11月に5、6回出現し、夏型と秋型が見られる他、春と夏の後に中間型が現れる時期がある。幼虫は庭木や公園樹のミヤギノハギ、ネムノキ、河川敷や道端のメドハギなどのマメ科植物を食べるため都会の街中でも普通に見られる。土手などの法面で、枯れススキの茂みの根際に潜り込んで成虫で越冬する。
【観察地の生息状況】　健在種。
【俳句の季語】　春(初蝶：春にいち早く目にするチョウ。キチョウは初蝶の代表として詠まれる)。

チョウ

ムシトリナデシコに飛んできた瞬間を撮影。夏のキタキチョウは春のものより翅が一回り大きい。

晩秋のキタキチョウ。越冬場所で束の間の休息をとりながら過ごす。

ストロー状の口吻を泥に差し込んで吸水するキタキチョウ。羽化して間もない雄だけが集まっている。飛び古した雄や、雌がいないのが興味深い。ミネラルの摂取、水分の補給、それとも体温を下げるためなのか、まだ定説がない。

チョウ目シロチョウ科

モンキチョウ *Colias erate*

夏の花のウツボグサで吸蜜するモンキチョウ。

【形態】 開張45mm前後。斑紋のある黄色いチョウであることから和名が付けられた。雄の地色は黄色、雌は白と黄色の2型が現れるが主として白色の地である。雌雄ともに黒い紋をもつ。

【分布】 北海道、本州、四国、九州。低地帯から低山帯。

【生態】 ごく普通種で、3〜11月に成虫が見られ、暖地では数回の発生を繰り返す。庭先の花にもよく飛んで来る。各地の明るい草地を素早く飛び回り、各種の花に集まるが、人が接近するとすぐに飛び立つ。幼虫の食草、食樹は多種のマメ科植物(スズメノエンドウ、レンゲソウ、コマツナギ、ミヤコグサ、ムラサキツメクサ、シロツメクサ、ウマゴヤシ、ハリエンジュなど)。

【観察地の生息状況】 健在種。

【俳句の季語】 春(紋黄蝶)。

ホトケノザ(シソ科植物)の花蜜を吸うモンキチョウの雌。モンキチョウの雌には白色と黄色の2型があるが、写真の個体は、前翅は白色が広く、後翅は黄色が占める異常型である。

晩秋の空高く、しばし愛の舞いを楽しむペア。

モンキチョウの交尾。飛ぶときは雄が羽ばたき、雌は翅を閉じたままぶら下がっていく。

ハラビロカマキリの幼虫がモンキチョウを捕食する様子。頭から噛り付き胸へと進む。残酷なようだが、これも自然の摂理である。

チョウ目シロチョウ科
スジグロシロチョウ *Pieris melete*

ペアで仲良く吸蜜中。

スジグロシロチョウの交尾。

【形態】 開張60mm前後。翅脈が黒いシロチョウ。

【分布】 北海道、本州、四国、九州、沖縄。低地帯から山地帯。

【生態】 日当たりの悪い場所を好む。成虫は3月中頃～11月に年数回出現し、低平地の雑木林の縁や疎林、畑地、人里などで見られ、数も多い普通な種。山地にも進出しているが数はぐっと減り、同じ仲間（モンシロチョウ属）のエゾスジグロシロチョウと交じっている。飛び方はゆるやか。花蜜を吸い、湿地にも吸水のため下りる。幼虫は野生のアブラナ科植物のイヌガラシ、スカシタゴボウ、タネツケバナ、ミチバタガラシ、ヤマガラシ、ワサビなどの葉を好んで食べる。雄の翅の表には発香鱗粉があり、強い匂いを出して雌を誘引する。蛹で越冬。

【観察地の生息状況】 健在種。

コラム1
外来植物のオオアラセイトウ

　東京都内にスジグロシロチョウが進出してから久しい。都心でチョウの採集をすると9割近くがスジグロシロチョウで、圧倒的に多い。この原因の1つとして、庭先から逃出した外来アブラナ科植物のオオアラセイトウ(中国原産、ショカッサイやハナダイコンなどの名もある)が、線路沿いの法面、学校、公園、堤防、河川敷などで野生化していることが挙げられる。ゲリラ的に花の種まきを行う「花ゲリラ」によって次々に種が蒔かれたらしい。この葉が幼虫の食草になり、高層ビルの林立はスジグロシロチョウの好きな日陰をつくり出す。自家菜園や園芸、緑化もますます盛んになっている都会はチョウのオアシスだが、かつての蝶相まで変えてしまっている。

外来アブラナ科植物のオオアラセイトウ。

チョウ目シジミチョウ科
ウラギンシジミ *Curetis acuta*

初夏の昆虫酒場(樹液場)はまだ静か。ヒメスズメバチに追い立てられることもなく、心おきなく樹液を吸うウラギンシジミの雄。

【形態】 開張40㎜前後。翅の表は、雄は黒っぽい地に橙赤色、雌は青白色の斑紋があり、それぞれ黒い縁取りがある。裏面はともに銀白色。

【分布】 本州、四国、九州。低地帯から低山帯。

【生態】 成虫は6月と8～9月の年2回出現する。成虫で冬を越し、春に見られるものは雌が目立ち、雄の数は少ない。6月に見られる新成虫も、秋に現れる数に比べてはるかに少ない。幼虫はマメ科植物のクズ、フジ、クララ、ナツフジなどの新芽や若い実、つぼみ、花などを食べる。成虫は湿地に吸水に下りたり、獣糞や樹液、山麓の柿やイチジクなどの腐熟果に付いて吸汁したりする。花には付かない。

【観察地の生息状況】 減少種。

チョウ目シジミチョウ科
ゴイシシジミ　*Taraka hamada*

愛称は「森のピエロ」。9月半ば、日の当たるチャノキの葉上で、本種が放尿をした直後に尿をストロー状の口吻で吸っている姿を観察した。「吸い戻し」と呼ばれる行動だ。

【形態】　開張25mm前後。翅の斑紋が囲碁の碁石に似ている小型のシジミチョウ。翅の表は黒褐色、裏は白地に黒くて丸い紋が散らばっている。

【分布】　北海道、本州、四国、九州。台地・丘陵帯から低山帯。

【生態】　4月に現れ、年数回出現する。昼なお暗い林にある笹の自生地を好み、その縁の低い所を弱々しく飛ぶ。かつて山際の神社の境内には格好の笹やぶがあって、よく見られた。成虫はササ（アズマネザサなど）の葉に寄生するササコナフキツノアブラムシ（他にススキに寄生するカンシャワタアブラムシ）の分泌する甘露を吸って生活する。幼虫は完全な肉食性で、ササコナフキツノアブラムシを食べて成長する。母蝶はアブラムシのコロニーのなかを歩いて1卵ずつ産み付けていく。晩秋に孵化した幼虫はそのまま越冬に入る。

【観察地の生息状況】　減少種。

【都道府県別RDB】　絶滅危惧Ⅰ類(東京)、準絶滅危惧種(愛知、奈良、宮崎)。

チョウ目シジミチョウ科
ムラサキシジミ　*Arhopala japonica*

翅に傷みが見られるムラサキシジミ。暖地で越冬した個体が内陸へ移動してきたのかもしれない。

口吻をまっすぐ伸ばして吸水中の雌。

9月初め、ミズナラの新芽に産卵。雌が飛び立った後、気の早いアリたちがやってきた。

【形態】　開張35mm前後。翅の表の色は、南国で見られる空色のスカイ・ブルーと同じ色。翅の裏は茶褐色。

【分布】　本州、四国、九州。低地帯から低山帯。

【生態】　4〜10月頃まで現れ、比較的温暖な本州南岸以西に偏って、普通に棲んでいる。関東近辺では千葉、東京などのカシ・シイ林で見られるが、現在は数が減っている。近年の温暖化の影響で、だんだん関東以北へ分布を広げているものの、まだ定着していない。庭先では年に数回、低いミズナラの木に飛来する。現れるのは雌で、6月は日光浴の後、地面で吸水している（体温を下げるためのように見える）。成虫で越冬。

【観察地の生息状況】　減少種。

【都道府県別 RDB】　準絶滅危惧種（宮城、群馬）。

チョウ目シジミチョウ科
トラフシジミ *Rapala arata*

ピラカンサのつぼみに止まって吸蜜を試みるトラフシジミの雌。翅の裏は白地に褐色の帯が交互に並んでいて、トラの毛皮を連想させる。

【形態】　開張30mm前後。翅の表面はにぶい青色で、裏面は虎斑模様である。虎斑の縞は季節型によって異なり、春型は白と褐色の帯がはっきりしているが、夏型は濃い褐色と淡い褐色で不明瞭となる。

【分布】　北海道、本州、四国、九州。低地帯から低山帯。

【生態】　年2回出現し、4月中旬頃からと7月から見られ、5～6月に春型が目立つ。幼虫の食草、食樹は各科の草木におよび、ウツギ(ユキノシタ科植物)、フジ(マメ科植物)、ナツハゼ(ツツジ科植物)、ノイバラ(バラ科植物)、クズ(マメ科植物)などを好み、花やつぼみ、果実を食べる。蛹で越冬。

【観察地の生息状況】　減少種。

【都道府県別RDB】　絶滅危惧Ⅰ類(長崎)、準絶滅危惧種(鹿児島)。

7月、ヤブガラシの花から吸蜜中。
著者の庭先にはめったに現れない珍蝶だ。

チョウ目シジミチョウ科
ベニシジミ　*Lycaena phlaeas*

逆さになってヒマワリの花で吸蜜するベニシジミ。

- 【形態】 開張32mm前後。春型は前翅の表面が赤色だが、夏型になると黒化して赤黒くなる。秋型は春型と似た色になる。翅の色違いは幼虫期の日照時間の長さが原因で、長くなると夏型の赤黒色、短いと春型の明るい赤色になる。
- 【分布】 北海道、本州、四国、九州。低地帯から低山帯。
- 【生態】 暖地の低地では3月下旬から11月まで現れる。幼虫で越冬し、1年に少なくとも3回以上出現する。分布が広く、明るい堤防、道端、田畑の畔、庭園など、いたるところにいる。近づくとパッと飛ぶがすぐ近くに舞い下りる。雄は一時的に占有行動をとるようである。幼虫の食草はタデ科植物のスイバ(スカンポ)、ギシギシ、ヒメスイバ(ヨーロッパ原産の外来植物)、マダイオウ、ノダイオウ、エゾノギシギシなど多い。
- 【観察地の生息状況】 健在種。

ベニシジミの季節型

①明るい赤色の翅をもつ春型。
②赤黒い翅の夏型。
③秋型は春型と似た翅の色をもつ。

チョウ目シジミチョウ科
ヤマトシジミ *Pseudozizeeria maha*

【形態】 開張25㎜前後。雄の翅の表が青色であるのに対し、雌では黒っぽい。翅の裏の地色は淡い茶色で、小紋は大きく鮮やかである。

【分布】 本州、四国、九州。低地帯から低山帯。

【生態】 成虫は4〜12月上旬に4、5回出現。道端や草地、畑の畔、庭先などの陽地で見られ、都会の周辺でも一番数が多い。地上低く飛び、カタバミ、外来のムラサキカタバミ（南米原産）やアメリカセンダングサ（北米原産）などに集まって蜜を吸う。

【観察地の生息状況】 健在種。

翅の青色が美しい雄。和名は大和（ヤマト＝日本）のシジミチョウの意。

交尾中のヤマトシジミ。

雌はカタバミの葉の裏に卵を生み付け、幼虫はその葉を食べ

チョウ目シジミチョウ科
ルリシジミ　*Celastrina argiolus*

活発に飛び各種の花に来る。

【形態】 開張30mm前後。雄の表面は青紫色で翅の周囲は細く縁どられる。雌の翅は縁どりが広い。雌雄とも裏面の地は白色で、黒い点を散らす。

【分布】 北海道、本州、四国、九州。低地帯から低山帯。

【生態】 草木が芽吹く頃から現れ11月まで見られ、この間に数回発生を繰り返す。ヤマトシジミやツバメシジミ、ベニシジミと並んで身近で最もよく見られるシジミチョウ。幼虫は主にマメ科植物のハギ、フジ、クズ類の他、モクセイ科植物、ウコギ科植物、ブナ科植物などの花やつぼみ、実を好んで食べる。草原には少ないが雑木林の周辺に多く、6月頃ハリエンジュの白い花が咲くと、樹上をゆるやかに飛び回っている姿が見られる。夏は吸水のため湿地に下りる。蛹で越冬。

【観察地の生息状況】 健在種。

チャノキの葉上で交尾をするルリシジミ。

チョウ目シジミチョウ科

ツバメシジミ *Everes argiades*

ツバメシジミ。草むらの葉上で交尾をする。

- 【形態】 開張30mm前後。雄の翅の表面は青藍色で、雌は暗い褐色。和名のツバメとは、後翅にある細くて短いしっぽ(尾状突起)をツバメの尾に見立てたことによる。
- 【分布】 北海道、本州、四国、九州。低地帯から低山帯。
- 【生態】 明るい草むらを低くゆるやかに飛び回るごく普通のシジミチョウ。成虫は4〜10月に年4、5回、寒地では2、3回出現する。幼虫はササゲ、エンドウ、インゲンマメなどの作物や、ヤマハギ、ナンテンハギ、クサフジ、コマツナギ、ミヤコグサ、ツルフジバカマなどの野生種のマメ科植物の新葉、つぼみ、花、果実を食べる。幼虫で越冬。
- 【観察地の生息状況】 健在種。

①葉上に止まり陽光を浴びるツバメシジミの雄。
②シロツメクサの花を好んで訪れる雌。
③夏、泥地に下りて吸水するツバメシジミ。

チョウ目シジミチョウ科
ウラナミシジミ *Lampides boeticus*

目の周りが白いウラナミシジミ（交尾中）。

【形態】 開張33mm前後。雄の翅の表面と雌の翅の付け根付近は濃い青色で、裏面は雌雄とも波状の模様で、その1つだけが幅広い白帯になる。

【分布】 本州、四国、九州。低地帯から低山帯。

【生態】 世界的に見るとヨーロッパからアジアまで広く分布。飛翔力が強く、南西アジアの繁殖地からヨーロッパまで渡りをするという。南方系のチョウで、九州の暖地では1年中見られるが、内陸部に入ると数は少ない。千葉県以西の太平洋岸の比較的温暖な地域で冬を越す。関東では房総半島南端から、陽春に気温上昇とともに食草のマメ科植物を求めて生息域を広げながら次第に北方へ移動を始める。世代交代を繰り返しながら、東京には夏の終りから秋にかけて、埼玉では8月頃から増える。群馬県には9月半ば頃に到達する。しかし、卵から成虫までのどの生育段階とも厳寒に耐え得ないので、暖地以外では越冬できずに死に絶える。庭先でもしばしば見られ、9月には豆畑の畔に多く集まる。霜が降りるまで咲いているコセンダングサ（北米原産）の花がシーズン最期の蜜源植物になる。昔から豆類の害虫で幼虫は栽培種のソラマメやアズキ、フジマメを好み、新芽、花弁、つぼみ、若いさやの各部位を食害する。また、野生のナツフジやクズも食べる。

【観察地の生息状況】 健在種。

【都道府県別RDB】 準絶滅危惧種（宮城、群馬、東京）。

豆畑の畔で、秋のちょっとした交尾騒動。雌（下）の所に周りから雄たちが次々に集まってきた。

羽化時、翅が完全に伸びきらないうちに乾いてしまうとうまく飛べなくなる。

ノハラアザミの花で吸蜜するウラナミシジミ（雌）。

チョウ目タテハチョウ科
ヒメアカタテハ *Vanessa cardui*

真夏に咲き競うマリーゴールドによく似合うヒメアカタテハ。

後翅の裏面の中央に白斑があるが、類似のアカタテハにはない。花はブットレア。

【形態】 開張55㎜前後。アカタテハに似ているが、翅の色はやや淡い。

【分布】 北海道、本州、四国、九州、沖縄。低地帯から低山帯。

【生態】 世界中に分布し、飛翔力が強く、外国では海を越える長距離の集団移動が知られている。国内でも各地に現れるが、数はそれほど多くない。暖地では5月、他では6月に出現するものの、成虫はめったに見られない。秋に見られる蝶で、一斉に現れて草地のヒレアザミの残り花に付くようになると、じきに庭先の花にもやって来る。ブットレアの花に付き、コスモス、百日草、マリーゴールドなどの花蜜にも目がない。花が咲き続ければ晩秋まで現れる。幼虫はハハコグサ、ヨモギ、カワラヨモギ、ゴボウなどのキク科植物の葉を好む。人家の軒先などのすき間に潜って成虫で冬を越す。

【観察地の生息状況】 健在種。

チョウ目タテハチョウ科
アカタテハ *Vanessa indica*

樹液を吸汁するアカタテハ。インドから日本にかけて広く見られる。

【形態】 開張60mm前後。英名「インドの赤い提督」と呼ばれ、前翅の赤い(柿色)斑紋が優美である。

【分布】 北海道、本州、四国、九州、沖縄。低地帯から亜高山帯。

【生態】 無事に越冬した母蝶は春に産卵し、孵化した幼虫は草木(イラクサ科のカラムシ、ヤブマオ、アカソ、クワ科のホップ、ニレ科のハルニレ、ケヤキなど)の葉を食べ、葉の縁を絹糸で綴り合わせて袋状の巣をつくる。暖地では年に数回出現し、10月末までに羽化し、そのまま越冬に入る。そのため冬でも暖かな日だまりに飛び出すこともある。

【観察地の生息状況】 健在種。

アズチグモ(カニグモ科)に捕食されるアカタテハ。吸蜜に来たアカタテハを前脚で押え付け、素早く口吻を刺して麻痺させているところ。

チョウ目タテハチョウ科
ルリタテハ *Kaniska canace*

その名の通り、瑠璃色が美しいルリタテハ。樹液をカナブン（右）と吸汁中。

【形態】 開張65mm前後。翅は藍色の地色で、表面は青く輝く帯が縦に走る。

【分布】 北海道、本州、四国、九州、沖縄。台地・丘陵帯から亜高山帯。

【生態】 初夏から初秋まで、樹液が多く染み出る雑木林のコナラやクヌギなど、奥山ではダケカンバに集まる。キツネの糞や熟柿も吸いに来る。現在、数はあまり多くない。幼虫はサルトリイバラ、ホトトギス、ヤマガシュウ、シオデ、オニユリ、カノコユリ、ヤマユリなどのユリ科植物の葉を好んで食べる。成虫は北海道や寒冷地では年2回、他では3回、6月、8月、10月に出現する。寄生蜂タテハサムライコマユバチが付く。成虫で越冬。

【観察地の生息状況】 減少種。

庭に落ちた熟柿をキタテハ（左）と仲良く吸っている。学名の命名者シーボルトは、ルリタテハの翅裏の白い点を日本の文字「ノ」と見て、亜種小名を「*no-japonicum*（ノーヤポニカウム）」とした。

チョウ目タテハチョウ科
ヒオドシチョウ *Nymphalis xanthomelas*

春、オオアラセイトウの花蜜を吸いに来たヒオドシチョウ。

【形態】 開張65㎜前後。翅は赤みの強い橙黄色で、黒い縁どりと斑紋がある。前翅の先に白い帯が、後翅外縁には波形の瑠璃色の線が目立つ。

【分布】 北海道、本州、四国、九州。低地帯から亜高山帯。

【生態】 成虫で越冬し、4月頃に各種の花に付く。エノキ、ハルニレ、ケヤキなどのニレ科植物や、ネコヤナギ、キヌヤナギなどヤナギ科植物の新芽に卵を産み付ける。初夏までに羽化した新成虫は1ヵ月くらい活動しているが、盛夏には姿を消す。山地帯以上では真夏から初秋まで見られ、秋にまた里山などに下りて来る。低平地から里山・丘陵では激減した。和名のヒオドシは、赤く染めたよろい(武具)の意味。

【観察地の生息状況】 減少種。

【都道府県別RDB】 絶滅危惧Ⅰ類(千葉、東京、長崎)、絶滅危惧Ⅱ類(埼玉)、準絶滅危惧種(宮城、福岡、佐賀、宮崎)。

翅をいっぱいに広げて日光浴をしているヒオドシチョウ。

チョウ目タテハチョウ科
キタテハ　*Polygonia c-aureum*

バイカウツギの花蜜を吸う夏型のキタテハ。

ノハラアザミの花蜜を吸う秋型のキタテハ。

【形態】　開張60mm前後。翅は黄褐色で、表面には黒い紋が散らばっており、後翅の裏面にはC字形（L字に見えることもある）の白い紋がある。夏と秋の2型があり、幼虫の時期に日照時間が長いと夏型に、短くなると秋型になる。秋型は夏型に比べて濃い赤みを帯びた色になり、翅の外縁は凹凸が深くなって先が尖る。

【分布】　北海道、本州、四国、九州。低地帯から低山帯。

【生態】　市街地、線路際、河川敷など、カナムグラ（クワ科植物、幼虫の食草）のはびこる雑草地や荒れ地があればどこでも普通に見られる。成虫は5〜11月に各種の花々でよく吸蜜し、樹液や腐熟した果実や根菜類（特にニンジン）にも集まる。晩秋に羽化した成虫はそのまま越冬し、翌春に再び活動を始め、交尾・産卵して長い一生を終える。

【観察地の生息状況】　健在種。

キタテハの秋型（中央とその上）。アカタテハ（下）、スズメバチらとともに糖蜜を吸う。

夏型のキタテハ。冬越しした雌から産まれた卵が孵化して育ったものが5月頃から目につき、以後9月頃まで見られる。

夜、イチジクの葉裏で眠るキタテハ。

アズチグモに刺されて麻痺したキタテハがクモの糸で宙ぶらりんに…。

越冬したキタテハ2匹。温かい土手の枯れススキの地際に潜って冬を越している。

チョウ目タテハチョウ科

オオウラギンスジヒョウモン *Argyronome ruslana*

ブットレアに訪花したオオウラギンスジヒョウモンの雌。雌は雄よりも大型となる。

【形態】　開張64mm前後。大型ヒョウモンチョウの一種。雌の翅の表面は橙色で、雄は橙色が濃い。雌の先端近くに三角形の白斑があるが、雄にはない。雌雄とも後翅裏面の中央に切れ切れの銀白の縦すじが走り、その外半分の茶色は色が濃く、内半分の茶色は緑がかっている。

【分布】　北海道、本州、四国、九州。台地・丘陵帯から亜高山帯。

【生態】　成虫の出現期は年1回、6月下旬から10月まで。暖地では夏眠し、秋になって再び動き出す。卵は幼虫の食草のスミレには直接産卵せず、スミレの群落が下にあるような低木の幹などに産み付ける。卵または幼虫で越冬。

【観察地の生息状況】　希少種。

【都道府県別RDB】　絶滅危惧Ⅰ類（千葉、和歌山、福岡、長崎）、絶滅危惧Ⅱ類（徳島、香川）、準絶滅危惧種（神奈川、大阪、奈良、高知、宮崎）。

コラム 2
オオウラギンスジヒョウモンの個体数が減少

　本種は近年になってことに数が激減している。著者の庭先では、2009年は、7月初めと9月末に1匹ずつ見られただけだった。2010年は、異常な猛暑で庭に来る昆虫の数が減り、本種については全く見つけ出せなかった。かつて、東京近辺では奥武蔵や奥多摩などの標高の高いところに夏の生息地があり、秋になると低平地や丘陵まで降りてきていた。しかし、開発によって山上まで道路が張り巡らされて、生息環境の山地草原や疎林のなかの草地が皆伐の憂き目に遭い消失している。全国各地で絶滅が危惧されているオオウラギンヒョウモンの二の舞になりかねない現状だ。

ノハラアザミの花に訪れたオオウラギンスジヒョウモン。

チョウ目タテハチョウ科
クモガタヒョウモン *Nephargynnis anadyomene*

10月、山から下りてきて庭先のランタナの花で吸蜜中。

明るい橙色の翅が目をひくクモガタヒョウモンの雄。

【形態】 開張70mm前後。翅の表面の地が橙黄色で、円形の黒い紋が散らばる。雄の翅は明るく、前翅表面の後縁近くに1本の黒いすじ(性標)がある。雌はやや暗く、前翅の先に白斑がある。

【分布】 北海道、本州、四国、九州。低山帯から山地帯。

【生態】 5月中旬、他のヒョウモンチョウより1ヵ月ほど早く現れ、低山の山道や疎林の林間、林縁の日溜りのタンポポやハルジオンの花に付くが、数は多くない。いっとき活動してから真夏は夏眠のために姿を消す。秋10月頃に目覚めて再び活動する。ときには丘陵地にも下りて草花に付く。幼虫はスミレ科植物(スミレ属)の葉を食べる。幼虫で越冬。

【観察地の生息状況】 減少種。

【都道府県別RDB】 絶滅危惧Ⅰ類(千葉、神奈川、福岡、長崎)、絶滅危惧Ⅱ類(鳥取、島根)、準絶滅危惧種(埼玉、滋賀、大阪、奈良、香川、高知、宮崎)。

チョウ目タテハチョウ科
メスグロヒョウモン *Damora sagana*

庭先のブットレアの花房に来た雄。前翅の表面に3本の性標が明瞭。

【形態】 開張70mm前後。雌の翅は黒緑色で大きい白色の斑紋やすじを散らし、一見高山蝶オオイチモンジと間違えられる。雄は橙色の豹柄模様で別種のように見える。

【分布】 北海道、本州、四国、九州。台地・丘陵帯から低山帯。

【生態】 里山から山間部の山道沿いを好んで現れるが、生息域は局地的で数も少ない。年1回出現。成虫は暖地では5月、他では6月頃現れ、7月初旬まで花上で見かける。盛夏に急に姿を消すのは夏眠に入るためといわれる。再び姿を現すのは9月になってから。秋、母蝶は幼虫の食草であるスミレ類（ツボスミレ、タチツボスミレなど）を探し、歩行しながらその近辺の石の下や枯れ木などに卵を産み付ける。孵化した1齢幼虫で越冬に入る。

【観察地の生息状況】 減少種。

【都道府県別RDB】 絶滅危惧Ⅰ類（鳥取）、絶滅危惧Ⅱ類（島根、福岡）、準絶滅危惧種（奈良、愛媛、高知、長崎、鹿児島）。

雄の後翅の裏。中央の白いすじを境目に、外の半分は暗く内側は淡い色。

メスグロヒョウモンの雌。花はニラ。

チョウ目タテハチョウ科
ミドリヒョウモン *Argynnis paphia*

8月中旬、庭先のブットレアの花房に来た雄。

9月中旬、庭石に産卵する雌。産卵場所を見つけながら地面を這いずり回っている雌の翅は痛みやすい。

【形態】 開張65mm前後。和名のミドリは、緑がかった翅裏の色に基づく。雄の前翅には黒い性標（4本の発香鱗のすじ）があり、後翅の裏に数本の白い帯がある。雌にはときとして地色が錆びた銀のような黒化型が現れる。

【分布】 北海道、本州、四国、九州。台地・丘陵帯から亜高山帯。

【生態】 広く分布し、山小屋の周り、伐採地跡、山道沿い、林間の空き地、雑草地など開けた場所の花上に群れる。ヒョウモンチョウ類では普通種で数も多い。年1回出現し、6月から現れるが平地では見られず、夏以降になって現れる。孵化すると餌を取らずに1齢幼虫で越冬する。幼虫はスミレ科植物（タチツボスミレ、エイザンスミレ、シロスミレ、ツボスミレなど）を食草とする。

【観察地の生息状況】 健在種。

【都道府県別RDB】 絶滅危惧Ⅱ類（千葉）。

チョウ目タテハチョウ科
スミナガシ *Dichorragia nesimachus*

庭の昆虫バーラー(バナナ)の仲間たち。カブトムシ(角だけ)とクロカナブン(4匹)、下にサトキマダラヒカゲらが集う。スミナガシはかつて雑木林の常連であったが数が減っている。

【形態】 開張65mm前後。和名スミナガシは、「墨流し(染め)」の意味である。緑がかった黒地に、前翅には白い斑点が散りばめられ、後翅の前の縁には青が浮かび上がる。

【分布】 本州、四国、九州、沖縄。台地・丘陵帯から山地帯。

【生態】 普通5月と7〜8月に年2回出現し、夏は海抜1,000mくらいの山地まで現れる。主に雑木林のクヌギやコナラの樹液に飛来し、林縁で哺乳類の糞(キツネやタヌキ、飼いイヌなど)や、腐熟した果実などに好んで集まる。幼虫はアワブキ科の樹木(アワブキ、ミヤマホウソ、ヤマビワなど)の葉を食べる。若齢幼虫は食樹の葉で隠れ家をつくるという。蛹もしくは幼虫で越冬。

【観察地の生息状況】 減少種。

【都道府県別RDB】 絶滅危惧Ⅰ類(千葉)、準絶滅危惧種(大阪、香川、長崎、沖縄)。

チョウ目タテハチョウ科

ツマグロヒョウモン *Argyreus hyperbius*

ツマグロヒョウモンの交尾。雄(左)と雌の紋様の差がありありとしていて、いかにも南国のチョウ。

【形態】 開張は雄55mm前後、雌70mm前後。橙色の地に、ヒョウ(豹)の斑のような黒斑のあるチョウで、雌は前翅の端(=つま)の部分が黒く、なかに白斑があるのでツマグロの名が冠される。雄はこの紋様がない普通のヒョウモンチョウ。雌の前翅が黒いのは、体に毒をもっていて食べるとまずいカバマダラ(幼虫が毒のあるトウワタ=唐綿を食べるチョウ)に擬態しているため。カバマダラと飛び方は似ていないが、鳥からうまく難を免れている。

【分布】 本州、四国、九州。低地帯から台地・丘陵帯。

【生態】 暖地では年に4、5回出現し、4月から夏眠しないで11月末まで活動する、ごく普通種である。関東では8～9月に草原や路傍、土手などをきわめて活発に飛ぶ。飛翔力が強く、秋には東北地方まで移動するが、幼虫は低温耐性が弱く冬には死滅してしまう。北上したチョウたちの耐寒への適応がないことも解明されている。暖地性で、従来は西日本だけに分布し、他ではまれに採集記録される程度であった。近年の地球温暖化に伴う気温上昇に後押しされるように北上を続け、関東では定着したとみられる。幼虫はスミレ類を食草とし、野生種スミレよりも園芸品種のパンジー・ビオラ系を好んで食べるため、園芸農家のスミレ類の苗床の幼葉を食害して害虫扱いにされる。幼虫で越冬。

【観察地の生息状況】 健在種。

花蜜を吸う

チョウ

①ブットレア(通称・バタフライブッシュ)の蜜を吸う雌。
②小さな野菊からもていねいに蜜を吸う雄。
③ムギワラギクの蜜を吸う雌。
④ノハラアザミのおいしい場所を取り合う雄。

求愛・交尾・産卵

①、②土手の草原を活発に飛び回り雌に求愛する雄。
③交尾。
④産卵。幼虫はとてもたくましく、幼齢の頃から餌を求めて地面を移動するので、食草以外にも産卵をする。

卵・幼虫

⑤園芸用スミレの葉に産み付けられた卵。
⑥若齢幼虫。体長はまだ1cmほど。
⑦脱皮中。脱皮の前後は餌を食べずにじっとしている。
⑧食欲旺盛な幼虫たち。
⑨終齢幼虫。体長は5cmほどだが、移動中は体が伸びてずっと大きく見える。

前蛹

　終齢の後半になった幼虫は蛹になる場所を探してあちこち動き回る。気に入った所を見つけるとそこで長めの休息に入り、体も縮まって3cmほどになる。目覚めると蛹になる準備を始める。

①～③口からはいた糸を枝にX型に何度も巻きつけ、体をぶら下げるための座をつくる。
④体の向きを変えて、最後の糞をした後、Xの交差部分に腹端をねじ込むように押し付けて固定する。
⑤30分から1時間後、胸脚、腹脚の順に枝から離してぶら下がり、前蛹になる。

蛹化

　前蛹になってからおよそ11～14時間後に脱皮して蛹になる。開始の目安は、体の色が少し薄くなり、腹端側のとげの張りがなくなり倒れてきたとき。このタイミングが分かれば観察は容易だ。

←外皮

⑥脱皮開始。胸部の背面の外皮に縦の切れ込みが入る。
⑦～⑨外皮の切れ込みが続くと同時に腹側に縮まり、蛹が現れる。風船が割れるのをスローモーションで見ているようだ。
⑩～⑫脱皮を開始してから約3分半後。体をくねらせながら腹端まで縮まった外皮を激しく振って落とす。
⑬脱皮終了から約3分後。脱皮直後はしばらく体を振っているが、この頃になると動きが止まる。
⑭脱皮終了から約30分後。腹部が縮み翅の部分が広がり、蛹らしい形になってきた。
⑮脱皮終了から約2時間後。体が徐々に褐色になる。完全に乾くと茶褐色から黒色になり、5対の白い突起はきらきらと光る金色になる。蛹の長さは21～25mm。

羽 化

　蛹化から1週間ほどで羽化して成虫になる。蛹の表面が透けてきて翅の紋様がうっすらと見えてきたら、いよいよ羽化開始だ。
　羽化後は蛹殻かその近くにぶら下がり、翅を伸ばし乾かす。翅は30分ほどで伸びきり、赤色の体液を排出する。蛹便と呼ばれるもので蛹のときの老廃物である。その後、途中2、3回排尿をしながら2〜3時間、長いものでは5時間かけて翅を乾かしてから飛び立っていく。

①蛹の体のつやがなくなり、翅の紋様が透けて見える。紋様から雄と思われる。
②、③背中が割れるのとほぼ同時に、前脚で腹部の殻を押し出す。
④体を伸ばして触角と口吻を引き出す。
⑤触角と口吻が抜けた状態。口吻は対になっているのがわかる。
⑥〜⑨翅が出ると、蛹殻を伝って登り、頭を上に向けて腹部を蛹から出す。羽化開始から約2分半後。この後、翅を伸ばして乾かす。
⑩羽化直後。近くにいた雄の成虫が体当たりをしてきた！

休息行動

①翅をいっぱいに広げて、秋の優しい日を浴びる雄。占有行動のためか、静止場所がいつも同じ。
②羽化後。翅が乾いても、葉陰で数時間じっとしていた。
③背面には柔らかい毛が生えている。
④ススキのアーチに隠れるように夜を明かした雌。雲の間から太陽が出るのを待っている。

捕食される宿命

⑤ブットレアの花の陰に隠れていたアズチグモに麻酔を打たれ、動けなくなった成虫。
⑥なかなか羽化しなかった蛹から、寄生バエの幼虫が出てきた。
⑦ヤマトシリアゲの雄が、狩った幼虫を見せびらかせて雌を誘う様子。
⑧ヤマトシリアゲは幼虫だけでなく、蛹まで食べてしまう。

チョウ

チョウ目タテハチョウ科

オオムラサキ *Sasakia charonda*

気品のある青紫色の美しいオオムラサキ(雄)。

- **【形態】** 開張雄100mm前後、雌120mm前後。翅の色は、雄は青紫色に輝き、雌は茶紫色。
- **【分布】** 北海道、本州、四国、九州。低地帯から低山帯。
- **【生態】** 成虫は6月下旬〜7月にかけて現れ、雌は8月まで見られる。クヌギやコナラなどの雑木林や落葉樹林に棲み、よく手入れされた里山の象徴的な存在である。雄は占有性が強く、敏速で、樹上高くを旋回しながらテリトリーに侵入者があると境まで追飛行動をとる。成虫は樹液を好み、腐熟果にも付く。幼虫はニレ科植物のエノキ、エゾエノキの葉を食べ、幼虫で枯れ葉の下で冬を越す。日本の国蝶(1957年指定)で、75円切手の図柄(長野県松本市産の標本がモデル)にもなった。
- **【観察地の生息状況】** 減少種。
- **【都道府県別RDB】** 絶滅危惧Ⅰ類(千葉、和歌山)、絶滅危惧Ⅱ類(埼玉、滋賀、福岡、大分)、準絶滅危惧種(北海道、青森、岩手、宮城、茨城、群馬、神奈川、新潟、富山、石川、福井、愛知、三重、京都、大阪、兵庫、奈良、鳥取、島根、広島、山口、香川、愛媛、高知、宮崎、鹿児島)。

チョウ

カボチャの葉先で翅を広げて休む、貫禄十分な雌のオオムラサキ。

樹液を吸うため、幹で競い合うタテハチョウ科のチョウたち。上からキタテハ、ゴマダラチョウ、オオムラサキ、アカボシゴマダラ。

チョウ目タテハチョウ科
ゴマダラチョウ *Hestina persimilis*

めっきり数が減ってきたゴマダラチョウ。

庭に吊るしておいたバナナの甘い香りに誘われてやってきたゴマダラチョウ。

【形態】　開張65mm前後。翅の白色と黒色の斑模様が特徴の中型のチョウ。

【分布】　北海道、本州、四国、九州。低地帯から低山帯。

【生態】　成虫は、北海道では道南の札幌近辺で見られ、7月上旬に年1回出現する。本州以南では年2回出現し、5〜10月まで見られる。成虫は花には集まらず、もっぱら雑木林のクヌギやコナラなどの樹液を吸い、晩夏からは熟柿や腐熱した果実からもよく吸汁する。幼虫はエノキやエゾエノキ（ニレ科植物）の葉を食べる。晩秋、幼虫は褐色に変化して木を下り、冬は幼虫態で根際の枯れ葉のなかに潜って冬を越す。

【観察地の生息状況】　減少種。

【都道府県別RDB】　絶滅危惧Ⅱ類（北海道）。

異種間の求愛行動

チョウ

　著者の庭先で、ゴマダラチョウ雄によるアカボシゴマダラ雌への求愛行動と思われる光景を目撃した。両種は分類上ゴマダラチョウ属に属する近縁種で、庭先での成虫の出現はほぼ同じ5月中旬であった。求愛行動に要した時間は2分足らず。実際に自然下で異種間の交尾が成立するのは希有な例であろう。

①羽化して間もないアカボシゴマダラの静止場所にゴマダラチョウ(下)が飛来した。ゴマダラチョウはアカボシゴマダラの下に潜り込むように頭を押し付ける。
②ゴマダラチョウ(上)は匂いをかぐ行動でスキンシップを続ける。
③ゴマダラチョウ(右)が生殖器を挿入しようとした瞬間にアカボシゴマダラは飛び上がった。

チョウ目タテハチョウ科
アカボシゴマダラ *Hestina assimilis*（在来亜種 *H.a.shirakii* を除く）

アカボシゴマダラの成虫(夏型)。

【形態】　開張 65mm 前後。黒地の翅に小さな白い紋が散在し、後翅の外縁近くにひと続きの赤い紋がある。夏型はこの赤い紋が鮮やか。春型(白化型)は夏型よりはるかに大型になる。特に雌の翅は大きく(前翅長 54mm 前後)、幅も広く丸い。春型は白地に翅脈だけが目立ち、後翅の赤色紋は不鮮明または、消失する。

【分布】　本州。低地帯から台地・丘陵帯。

【生態】　春型は、関東の平地では 4 月中旬、丘陵では 5 月中旬頃に現れる。おだやかに飛ぶ姿は数 m 離れると白い蝶に見える。幼虫はエノキを食樹とする。エノキ(ニレ科植物)の葉を食べる在来蝶は、ゴマダラチョウ、オオムラサキ(国蝶)、テングチョウ、ヒオドシチョウなど多種である。これらの在来蝶とアカボシゴマダラとの幼虫間で、餌資源を巡る競合が懸念されている。

【観察地の生息状況】　健在種。

チョウ

5月末日、アカボシゴマダラの季節の移り変わり。夏型(上)と春型(白化型)が揃った。

ふわふわと舞い上がった後に、クリの葉上で占有行動をとる雄。

アカボシゴマダラの春型(白化型)。庭先では5〜6月に見られる。

アカボシゴマダラには訪花性がある。ブットレアの花に来てから長時間吸蜜していた。

落ちた柿を吸う様子。驚かせない限り飛び立たない。

樹液に集まるアカボシゴマダラ3匹と、
キタテハ2匹(上)。

春型の求愛行動と産卵

チョウ

羽化して間もない雌がゆったりと雄を誘うように大きく飛び回った後、葉上に舞い下りて翅を開いて止まる。

食樹であるエノキの葉上で産卵ポーズをとる雌。

雄(下)がすぐにプロポーズに来たが、雌は翅を閉じてしまい交尾には至らなかった。

エノキの小枝に垂れ下がる蛹(長さ38mmほど)。

卵は幼虫の食樹であるエノキの葉身や小枝、幹などに1卵ずつ産み付けられる。

①エノキの幹を伝って降りる雌。
②観察中、エノキの緑陰で産卵の仕草を繰り返したが、産卵はしなかった。
③地面に降りても、あちこちに卵を産むそぶりをしていた。

幼虫の二態

④体を糸でしっかり木に固定してじっと春を待つ休眠幼虫。緑色の体が褐色を帯びてくると、樹皮と見分けがつきにくい。擬態しているようだ。写真は、小低木のエノキの幹で休眠していた5匹のうちの1匹。
⑤春、目覚めると食草エノキの新葉をもりもり食べてから脱皮して、新葉と同色になり大きくなる(蛹化7日前)。

コラム 3
アカボシゴマダラの分布変化

　1995年、日本では奄美群島だけに分布するはずのアカボシゴマダラが関東で見られるという騒動が起きた。ことの発端は埼玉県で、さいたま市秋ケ瀬公園などで観察されたが、その年限りで自然消滅した。1998年に神奈川県藤沢市で確認されてからは急速に分布を拡大し、同県南部を中心に広がっていった。2006年、東京都内でも見つかり、2007年には都県境の多摩丘陵から埼玉県の狭山丘陵に侵入し、2009年には高麗丘陵一帯で大発生した。この間に各地で確認され、定着していることが確実となった。

　奄美群島産の在来亜種(*Hestina assimilis shirakii*)とは、幼虫で冬を越した春型には白化型が現れること(奄美群島の気候は海洋性亜熱帯気候で、年平均気温21℃と四季を通じて暖かいため、奄美群島産には季節型がない)、後翅の赤紋に黒地が閉じ込められていないことなどで識別ができるが、大きさや色彩、特に赤紋の形にはかなり個体変異がある。関東で見られるのは形状などの特徴から中国南部原産とされ、幼虫の食樹であるエノキの多い比較的温暖な沿岸に近い都市公園、緑地などに突然に出現したことから、蝶コレクターなどが卵や蛹を原産地から持ち帰って食樹に付着させたか、羽化した成虫を意図的に野外に放蝶したと推測されている。

秋空をバックに葉上で休むアカボシゴマダラ。後翅の一連の赤紋が印象的。

チョウ目タテハチョウ科
イチモンジチョウ *Limenitis camilla*

庭の葉先でひと休みするイチモンジチョウ。休むのもつかの間で、すぐに移動する。

【形態】 開張53mm前後。黒褐色の地色の翅の中央に明瞭な白帯が1本ある。翅裏は柿色で、同じような白帯がある。

【分布】 北海道、本州、四国、九州。低地帯から山地帯。

【生態】 1年に2、3回発生し、5～9月に見られるが、低平地では数が少なく、低山の方が多い。また、低平地では近似種アサマイチモンジと交じっているが、海抜1,000mを越えると大方はイチモンジチョウである。成虫は山野の道端の白いスイカズラの花の近くでよく見られるが、ピラカンサ、イボタノキ、タニウツギなどの花の蜜も好んで吸う。また、路上に降りて吸水したり、干からびたミミズの体液を吸いに群れたりするが、樹液場には来ない。幼虫はスイカズラ科植物のヒョウタンボク、ニシキウツギ、タニウツギなどの葉を食べる。幼虫で越冬。

【観察地の生息状況】 健在種。

チョウ目タテハチョウ科
アサマイチモンジ　*Limenitis glorifica*

5月下旬、花期の短いピラカンサの花に吸蜜に訪れたアサマイチモンジ。長野県浅間山麓に比較的多く見られる。

【形態】　開張65mm前後。翅の表面は黒褐色、裏面は茶褐色。前・後翅の中央に白紋が縦に並んでいる。近似種イチモンジチョウとは白紋がよく似ているが、前翅第3室と中室にある白紋が比較的大きくて明瞭である。

【分布】　本州。低地帯から低山帯。

【生態】　低平地から丘陵には数はごく少なく、山麓や高原などでも産地は局地的で、里山の荒廃による林縁の環境の悪化が指摘されている。5月中旬～9月中旬に3回(寒地では2回)出現する。あまり羽ばたかず滑るように飛ぶ。庭先ではピラカンサ(バラ科植物)の花が咲く5月に、吸蜜に来る。食草はスイカズラ、ハコネウツギなどの葉。幼虫で越冬。

【観察地の生息状況】　減少種。

【都道府県別RDB】　絶滅危惧Ⅰ類(千葉)、絶滅危惧Ⅱ類(神奈川)、準絶滅危惧種(宮城、埼玉)。

チョウ目タテハチョウ科

コミスジ *Neptis sappho*

静止の際は翅を開いたり閉じたりする。

【形態】 開張45mm前後。黒白のミスジチョウ類では最小の普通種。前翅表面の前縁の白帯が途中で2つに切れ、もとの方は細く、先端は三角形になる。裏面は赤褐色で、白帯と白点が並んでいる。

【分布】 北海道、本州、四国、九州。低地帯から山地帯。

【生態】 幼虫で越冬。春、餌を食べずに木に登って蛹化し、5〜6月に羽化する。年2回もしくは3回発生し、9月頃まで見られる。屋敷林や雑木林の周辺でよく見かけ、庭先にはまれにしか来ない。低空を時々はばたき、そのつどグライダーのような滑空式の飛び方をする。幼虫はネムノキ、ハリエンジュ、クズ、ナツフジ、ナンテンハギ、ダイズなど草木のマメ科植物の葉を食べる。

【観察地の生息状況】 健在種。

【都道府県別RDB】 絶滅危惧Ⅰ類(東京)。

前翅の白い三角形の紋がコミスジの特徴だ。

チョウ目タテハチョウ科
ヒメウラナミジャノメ *Ypthima argus*

①4月に現れ、真っ先にハルジオンの花に付く。②春型は夏型より大きい。昆虫ファンの間では人気のないチョウだが、前翅の先の黄色い輪に囲まれた青色の小点には不思議な美しさがあって愛らしい。

【形態】 開張36mm前後。前後翅の表面は黒褐色で、前翅に1個、後翅に3個の蛇の目紋様がある。後翅の裏面には5個あり、種の判別に用いられるが、数には変化があり、まれに6〜7個のこともある。

【分布】 北海道、本州、四国、九州。低地帯から低山帯。

【生態】 4月頃から姿を見せ始め10月頃まで見られる。最も普通な種で、低木の交じる草地や林縁があればどこにでも多産する。弾みを付けるように低い所をさっそうと飛び回り、各種の花にもよくやって来る。幼虫は、イネ科植物のチヂミザサ、ササクサ、チガヤ、シバ(栽培種)などの葉を食べる。幼虫で越冬。

【観察地の生息状況】 健在種。

七草のミドリハコベにつかまって眠るヒメウラナミジャノメ。

ヒメウラナミジャノメの交尾。

チョウ目タテハチョウ科
ジャノメチョウ *Minois dryas*

蛇の目に似た丸い模様を装うジャノメチョウ。

【形態】 開張63mm前後。雄は黒褐色、雌は茶褐色で、ともに前翅表面に2〜3個、後翅の表面に中央が藍色の蛇の目模様が1個ある。体サイズは雌が雄より大きい。

【分布】 北海道、本州、四国、九州。低地帯から山地帯。

【生態】 成虫は年1回出現し、梅雨明けの頃から9月中旬まで現れる。明るい草原を象徴する種で、疎林やススキ原、高原に棲み、草原上をゆるやかに低く飛ぶ。花に止まり、樹液や哺乳類の糞尿、腐熟果などに好んで集まる。雌は葉先に止まって草間の地面に卵を産み落とす奇習がある。幼虫はイネ科植物(ススキやスズメノカタビラなど)やカヤツリグサ科(ヒカゲスゲ)の葉を食べる。幼虫で越冬。

【観察地の生息状況】 健在種。

【都道府県別RDB】 絶滅危惧Ⅰ類(東京)、絶滅危惧Ⅱ類(千葉、福岡、鹿児島)、準絶滅危惧種(埼玉、高知、長崎、宮崎)。

花にもよく集まるジャノメチョウ。写真の花はブットレア。

チョウ目タテハチョウ科

ヒメジャノメ
Mycalesis gotama

【形態】　開張43㎜前後。前翅は灰黒色の地で、外縁沿いに淡黄色の縁取りの2個の蛇の目模様が並ぶ(下の模様の方が大きくて鮮やか)。

【分布】　北海道、本州、四国、九州。低地帯から低山帯。

【生態】　低平地では5月中旬から姿を現し、秋盛りまでに3回は出現すると思われる。日当たりの良い草地を好み、里山、人里、林縁にはごく普通で、数も多い。幼虫は単子葉植物のイネ科やカヤツリグサ科の葉を食べる(ススキ、スズメノヒエ、チヂミザサ、イヌビエ、エノコログサ、イネなど)。幼虫で越冬。

【観察地の生息状況】　健在種。

葉上に翅を休めるヒメジャノメ。止まるとくるりと向きを変える仕草が愛らしい。

チョウ目タテハチョウ科

クロヒカゲ
Lethe diana

【形態】　開張49㎜前後。前翅表面は雌雄とも一様に黒褐色で、後翅はやや黒みが濃い。前翅裏面の先端近くの2個の蛇の目模様は上の方が大きい。

【分布】　北海道、本州、四国、九州。台地・丘陵帯から山地帯。

【生態】　成虫は5月下旬～10月中旬に出現し、なだらかな丘陵から山地帯まで、垂直的に広い生息域がある。昼間はじっとしていて薄暮時から低く飛び回り、占有行動なのかときには勇ましく飛び出す行動が見られる。ときたま樹液に付くが、花には来ない。幼虫はタケ・ササ類のマダケ、クマザサ、チシマザサ(別名ネマガリダケ)、メダケ、アズマネザサなどの葉を食べる。幼虫で越冬。

【観察地の生息状況】　健在種。

蛇の目模様を囲む紫色がひときわ美しいクロヒカゲ。

チョウ目タテハチョウ科
クロコノマチョウ　*Melanitis phedima*

美しい秋型の雌のクロコノマチョウ。

【形態】 開張72㎜前後。翅の表面は一様な黒褐色。前翅の端は角張り、その内部にある黒い斑紋の外寄りに大きさの違う白点2個がある。後翅の外縁にはくちばし状の突起がある。季節的変異が著しく、夏型と秋型がある(p77参照)。

【分布】 本州、四国、九州、沖縄。低地帯から台地・丘陵帯。

【生態】 成虫は河川敷や沼地、ヨシ原、林間、人家周辺、雑木林などの日陰を好む。昼の間は活動しないで、夏はほの暗い葉上、秋は林床の落ち葉や倒木でじっとして休む。夏の昼は家のコンクリート壁に止まっていることもある。薄暮と薄明にふわふわと飛び回り、樹液や腐熟果に一度付くと吸蜜が長い。幼虫はイネ科植物のジュズダマ、ススキ、ヨシ、ツルヨシ、メヒシバ、トウモロコシ、アワ、サトウキビなどの葉を食べる。ジャノメチョウ類では唯一成虫で越冬し、4～5月に覚醒して産卵をし、6月頃から夏型が羽化する。その夏型が産卵して9月中旬頃から羽化したものが秋型になる。別名コノマチョウ。

【観察地の生息状況】 偶産種。

クロコノマチョウの季節型

　夏型は小型で、雄の表面の地色は濃く、前翅の角張りも少ない。雌の地色は淡く白点がよく目立ち、裏面の波形の模様や中央を走る暗い線は明瞭である。秋型は春型より大型になり、雌の大きいものでは開張が95mm前後になる。雄の地色はことに濃くなり、雌は黄褐色を帯びて角張りは雄よりも著しい。

①初秋の朝、暗いうちから落柿を吸う(秋型・雌)。
②夏は葉に止まり、秋は地上の落ち葉や倒木に付く(夏型・雄)。
③、④翅の裏面が枯れ葉や樹皮の色に似ていて周囲と見分けがつきにくい(③夏型の雄、④夏型の雌)。

クロコノマチョウの分布変化

　本種は暖地性で、従来の国内分布は屋久島から九州、四国を経て東海地方であったが、1960年代半ば、北限の静岡県での大発生から一気に北上・東進していったと考えられる。その当時から関東での採集例はあったものの偶産種扱いだった。2000年代初めには、群馬・栃木両県の河川敷周辺から散見され、現在も関東各地の生息地は局地的ではあるが、2008年に兆しが現れ、2009年から2010年にかけて次々に確認され、関東一円に土着していることが確実になった。
　著者の庭先での初記録は2009年8月(夏型：雄1、雌1)で、9月(夏型：雌1)にも現れた。2010年には8月に夏型(雄1、雌1)、10月には秋型(雌1)が初めて現れた。

チョウ目タテハチョウ科
サトキマダラヒカゲ *Neope goschkevitschii*

サトキマダラヒカゲのペア(上の大きい方が雌)。いつもは空中戦を挑んでいるのに、珍しく同じ樹液場に付いていた。

求愛飛翔の後、ひと休みするサトキマダラヒカゲのペア(右が雌)。

【形態】 開張58mm前後。前後翅の表面は茶褐色の地色で、外縁沿いに橙黄色の模様が並ぶ。春型は夏型に比べて小さめ。

【分布】 北海道、本州、四国、九州。低地帯から低山帯。

【生態】 成虫は5〜9月に現れ、数は8月中に最盛期になる。密なササ・タケ類の群落をつくる平地や里山の雑木林を好み、数も多くよく目に付く。多少とも群飛性があると思われ活発に飛び回る。成虫は花には集まらず樹液や哺乳類の糞尿、落下した腐熟果(柿、イチジクなど)を好んで吸う。幼虫はアズマネザサ、メダケなどの葉を食べる。蛹で越冬。

【観察地の生息状況】 健在種。

【都道府県別RDB】 絶滅危惧Ⅰ類(東京)、準絶滅危惧種(山形、山梨、長崎)。

①サトキマダラヒカゲは占有性が強い。樹液に来たアカボシゴマダラを追い払おうと翅を震わせている。
②夏の夕方にもよく飛び交い、室内に入り込んで一晩過ごすことも多々ある。
③日没過ぎても樹液を無心に吸蜜するサトキマダラヒカゲ。
④花穂に止まり、眠りにつく。

チョウ目タテハチョウ科

ヒカゲチョウ *Lethe sicelis*

日陰近くの葉上でひと休みする雄。後翅の表の付け根に濃い黒毛の束がある。

後翅裏面の前から第1、第5番目の大きい蛇の目模様が目を引きつける。

【形態】 開張49mm前後。前翅表面は濃い褐色で、裏面はかなり淡い。後翅表面の外縁沿いには濃淡の差がある4個の蛇の目模様が並ぶ。前後翅の裏面の中央に白い帯があり、前翅先端近くの蛇の目模様は小さく2個ある。

【分布】 本州、四国、九州。低地帯から山地帯。

【生態】 成虫は年2回出現し、4～5月頃から姿を見せ始め9月下旬頃まで見られる。タケ・ササ類が群生する平地や里山ではきわめて普通な種。庭先ではやや明るい所にいて、6月初めと8月によく飛び交う。花に来ることはなく、夕方からもっぱら樹液に付く。幼虫はマダケ、クマザサ、メダケ、アズマネザサなどのタケ・ササ類の葉を食べる。幼虫で越冬。別名ナミヒカゲ。

【観察地の生息状況】 健在種。

【都道府県別RDB】 絶滅危惧Ⅰ類(福岡)、絶滅危惧Ⅱ類(新潟)、準絶滅危惧種(青森、熊本)。

チョウ目タテハチョウ科
テングチョウ *Libythea lepita*

テングチョウの仲間はきわめて少なく、世界でも10種ほど。その大部分は熱帯性だ。

【形態】 開張45mm前後。翅の表は茶褐色の地で橙色の斑紋がある。下唇鬚（かしんしゅ）がきわめて長く前へ突き出している。

【分布】 北海道、本州、四国、九州、沖縄。台地・丘陵帯から亜高山帯。

【生態】 3月、越冬から覚めた成虫が浅い山の雑木林の小道で日向ぼっこをしている姿が見られる。近づくと素早く飛び出すが、すぐに地面に下りる。冬越しした雌は短い活動の後、卵を産んで一生を終える。6月には新しい成虫が現れるが、間もなく休眠するため翌春まで見られなくなる。しかし、涼しい地方や高地では、夏秋に活動しているものもかなり多い。幼虫はエノキ、クワノハエノキの葉を食べ、枝をたたくと葉上にいた幼虫が糸をはいてスーッと地上に下りる奇習がある。成虫は吸水などで群れることはあるが、数は少ない。ヨウシュヤマゴボウの花に付く。日本では1属1種である。本種はテングチョウ科とする見解もある。

【観察地の生息状況】 健在種。

【都道府県別RDB】 準絶滅危惧種（青森）。

エノキの新葉の付け根に産卵するテングチョウ（6月初め）。

チョウ目セセリチョウ科

イチモンジセセリ *Parnara guttata*

【形態】 開張35mm前後。和名のイチモンジは「一文字」のことで、後翅裏面に4個の大きな白点が一列に並んでいることからきている。

【分布】 北海道、本州、四国、九州、沖縄。低地帯から亜高山帯。

【生態】 発生を繰り返し、大挙して山越えをしたり、海を渡ったりの大移動をすることがある。海上を移動するとき、ときには海面に浮いて翅を休めてから再び飛び立つという。晩夏から初秋には、亜高山帯の海抜2,000m程度の草原の花上でも驚くほどの数が観察される。葉上の鳥の糞(白い部分)に自分の排泄物をかけて溶かしてからストロー(口吻)を伸ばして吸うという奇妙な行動(吸い戻し)がある。幼虫は何枚かのイネの葉を巻いて、つと状の巣をつくるため、「イネツトムシ(稲苞虫)」や「ハマクリムシ(葉捲虫)」の名で知られるイネの害虫。その他イネ科植物のイヌムギ(南米原産の外来植物)、ススキ、クサヨシ、オヒシバ、エノコログサなどを食べて育つ。幼虫で越冬。

【観察地の生息状況】 健在種。

花上で出会ったペア。雄は後ろから雌の横に近づいて、雌の体を頭で突き求愛する。

鳥の糞に自分の排泄物をかけてから汁を吸う「吸い戻し行動」。

アズチグモに捕まえられたイチモンジセセリ。

チョウ

チョウ目セセリチョウ科
チャバネセセリ *Pelopidas mathias*

葉に止まり日光浴をするチャバネセセリ。

【形態】 開張 32mm 前後。翅はくすんだ茶色。前翅に 8 個の小さい白点が環状に並ぶ。

【分布】 本州、四国、九州、沖縄。低地帯から山地帯。

【生態】 暖地性の種で、関東では春は数が少ないが、晩夏になると急に数を増し、11 月になっても庭先の花に群がる。暖地では春から秋まで見られる。幼虫はススキ、メヒシバ、イネ、チガヤなどの葉を食べる。幼虫で越冬。

【観察地の生息状況】 健在種。

活発に飛び回り、ストローを伸ばしてノハラアザミの花で吸蜜するチャバネセセリ。

チョウ目セセリチョウ科
オオチャバネセセリ *Polytremis pellucida*

ゆるやかに飛び、よく花に付くので「花セセリ」の別名がある。

- **【形態】** 開張34mm前後。翅はくすんだ茶色の地色で、前翅に8個の白い点が輪を描いたように並び、後翅は5個の白い点が不揃いに並ぶ。
- **【分布】** 北海道、本州、四国、九州。低地帯から山地帯。
- **【生態】** 低地では年2回、暖地では年3回出現し、6月から10月末まで見られ、夏秋は山地まで上り数が多くなる。幼虫はメダケ、オカメザサ、クマザサ、カンチクなどのタケ・ササ類の葉を食べる。幼虫で越冬。
- **【観察地の生息状況】** 健在種。
- **【都道府県別 RDB】** 絶滅危惧Ⅰ類(千葉、高知、長崎)、絶滅危惧Ⅱ類(神奈川、静岡、徳島、香川)、準絶滅危惧種(埼玉、山梨、福岡、佐賀)。

吸蜜中。後翅の裏面の白点は稲妻型に並ぶ。

チョウ目セセリチョウ科
ヒメキマダラセセリ *Ochlodes ochraceus*

庭先には5月のGW過ぎ、新緑に合わせたかのように姿を現すが数は少ない。

自分の排泄物を口吻を伸ばして吸い戻す「吸い戻し行動」。

【形態】 開張27mm前後。セセリチョウの仲間はくすんだ色合いのものが多いが、本種は黒色と茶褐色の対比が目立つ。

【分布】 本州、四国、九州。台地・丘陵帯から山地帯。

【生態】 平地にもいるが、やや低山性を示す。東京近郊では5〜6月と8〜9月に出現する。幼虫の食草はチヂミザサ（イネ科植物）、ミヤマシラスゲ（カヤツリグサ科植物）など。夜明けとともに飛び始め、占有行動をとる。頭を高く上げて前翅は半分開き、後翅を水平にして止まり、テリトリーに他のチョウが侵入しないか見張り、他の雄が近づくとただちに緊急発進して追い出す。幼虫で越冬。

【観察地の生息状況】 健在種。

【都道府県別RDB】 絶滅危惧Ⅰ類（長崎）、絶滅危惧Ⅱ類（福岡）、準絶滅危惧種（千葉、東京、大阪、香川）。

チョウ目セセリチョウ科
キマダラセセリ *Potanthus flavus*

キマダラセセリは、いつも弾丸のように素早く花から花へと飛び回っている。

- 【形態】 開張30mm前後。黄色い斑のあるセセリチョウ。春型は、夏型と比べて目立って大きい。
- 【分布】 北海道、本州、四国、九州。低地帯から山地帯。
- 【生態】 普通は疎林の縁の草やぶに多い。飛び方は非常に敏捷で、クリ、ヒメジョオン、シロツメクサなどを好んで花上に蜜を求める。主に低平地から丘陵に普通に見られ、6〜10月に2、3回出現する。寒冷地や山地では年1回出現し、盛夏に姿を現す。幼虫はイネ科植物のチヂミザサ、エノコログサ、チガヤ、アシボソ、ススキなどの葉を食べる。幼虫で越冬。
- 【観察地の生息状況】 健在種。
- 【都道府県別RDB】 準絶滅危惧種(長野、香川)。

チョウ目セセリチョウ科

アオバセセリ　*Choaspes benjaminii*

飛翔は素早く、4枚の翅を立てて止まる。夏の朝、庭先のブットレアに吸蜜に現れた。

【形態】 開張42㎜前後。全体が少しつやのある深緑で、後翅の端が橙色の美麗種。在来のセセリチョウのなかでは最大級(バナナセセリを除く)。

【分布】 本州、四国、九州、沖縄。台地・丘陵帯から山地帯。

【生態】 本州では5月と7〜8月の2回出現する。山地の林縁や渓流沿いなどでは夜明けとともに飛び始め、暑い日中は葉裏で休み、夕方薄暗くなるまで飛んでいることがある。幼虫の食樹はアワブキ科植物のアワブキ、ヤマビワ、ミヤマホウソなど。幼虫は葉身の一部を主脈を残して食べた後、両端を綴り合わせて揺りかご状の巣をつくり、そのなかに隠れ棲む。蛹で越冬。

【観察地の生息状況】 減少種。

【都道府県別RDB】 絶滅危惧Ⅰ類(千葉)、絶滅危惧Ⅱ類(東京)、準絶滅危惧種(青森、宮城、大阪、香川)。

チョウ目セセリチョウ科
ダイミョウセセリ *Daimio tethys*

庭先のパンジーの花で吸蜜するダイミョウセセリ。

【形態】 開張35mm前後。本州中部以北のものは後翅の白い紋様が消失しているか、現れてもかすかに見えるだけである。それより以西のものは後翅にも白い紋様の弧が現れ、西へ寄るほど顕著になる。著者の庭先に現れるものは後翅が黒く、まれに褐色のものから薄い紋様が見受けられる。

【分布】 北海道、本州、四国、九州。低地帯から山地帯。

【生態】 和名は「大名セセリ」で、学名（属名）*Daimio* からきている。寒冷地では年2回、普通は年3回の出現で、5～10月にかけて見られる。雌は幼虫の食草の葉上に卵を産んでから腹部をその上にこすり付けて、落ちる体毛で卵の表面を覆うという珍しい産卵習性がある。食草は、ヤマノイモ科植物のヤマノイモ、ナガイモ、オニドコロ、ツクネイモ、ニガカシュウなどで、その葉を閉じ合わせてなかに隠れ棲んでいる。成虫は低い木立ちの周りを飛び、好んで葉に止まる。静止の際は翅を開いたまま止まる。幼虫で越冬。

【観察地の生息状況】 健在種。

翅を水平に広げて止まるダイミョウセセリ（花はブットレア）。

チョウ目コウモリガ科
キマダラコウモリ　*Endoclita sinensis*

原始的な特徴が残っているキマダラコウモリ。コウモリガは英語ではゴーストモス（ゆうれい蛾）と呼ばれている。

【形態】　開張90mm前後。体は黒ずんだ褐色で、触角は茶色で短い。頭は小さく、単眼を欠く。口吻は退化しており餌が食べられない。前翅、後翅ともほぼ同形で、付け根は狭く翅端が広がる。翅の脈の様子もよく似ている。背面の柔らかな毛並は哺乳類のヤマコウモリ（コウモリ目・ヒナコウモリ科）に似ている。脚にはとげ（距）がない。

【分布】　北海道、本州、四国、九州。低地帯から台地・丘陵帯。

【生態】　成虫は5月に現れ、昼間は茂みの下部の枝葉に、翅をたたんで長い前脚と中脚を伸ばしてぶら下がり、枯れ葉に似せて隠れている。夕暮れから高く低く飛びまわるが、数はあまり多くない。雌は飛びつつ、腹部をぐるぐる回しながら多くの卵をばらまいて産む。幼虫はキリ（ゴマノハグサ科植物）、モモ（バラ科植物）、柿（カキノキ科植物）などの立ち木に穴を開ける。

【観察地の生息状況】　減少種。

チョウ目ヒゲナガガ科

クロハネシロヒゲナガ　*Nemophora albiantennella*

【形態】 開張14mm前後。前翅長6〜7mm。長い触角ですぐ見分けが付く。雄の触角は前翅の約3倍、雌は約1.5倍。暗茶色の前翅の中央に1本の帯が走る。陽光のもと、雄はつやのある赤紫色に見える。

【分布】 本州、四国。低地帯から台地・丘陵帯。

【生態】 原始的なガで、開けた少し湿った草地に多い。昼飛性。数匹が群がって狭い生息場所から離れないでいる。成虫は4月下旬から現れ、カタバミ、オヘビイチゴなどの花蜜を吸汁する。幼虫はオオスズメノカタビラ、ネズミムギ、ホソムギなどのイネ科植物（3種ともヨーロッパ原産の外来植物）の葉を食べる。

【観察地の生息状況】 健在種。

暖かな春の午前、白いヒゲ（触角）をゆらりゆらりとなびかせる雄。

①止まった瞬間。またすぐに飛び立つ。穏やかな春の日に数匹集まる姿が見られる。
②雌のクロハネシロヒゲナガ。順光を受けると前翅の彩りが目立つ。
③在来種のカタバミの花蜜を吸う。外来種のムラサキカタバミには付かない。
④セイヨウタンポポの花蜜を吸う。

チョウ目ヒゲナガガ科
ホソオビヒゲナガ *Nemophora aurifera*

長い触角と翅の黄色い横帯が目立つ雄。

【形態】 開張16mm前後。前翅長7～8mm。翅の色は暗い褐色で、黄色の細い横帯がある。触角は非常に長く、雄は前翅の長さの3.5倍、雌は1.5倍弱にもなる。

【分布】 北海道、本州、四国、九州。低地帯から低山帯。

【生態】 成虫は4～7月に出現し、林や草地の縁などに見られる。庭の周囲では5月が活動の最盛期。昼飛性。庭先では、朝8時頃から薄暗い草間の20～30cmの低空を飛んでいる姿を目にする。

【観察地の生息状況】 健在種。

体を葉から乗り出し、自慢のヒゲ(触角)を立てたまま見回す雌。

チョウ目マルハキバガ科
カノコマルハキバガ *Schiffermuelleria zelleri*

ガ

春、ヤマグワの葉上にて撮影。鼻(下唇鬚：かしんしゅ)が長く、上方に牙のように突き出ている。

- 【形態】 開張17mm前後。触角の先は白い。前翅は赤黄色で真っ白な紋があり、外側はつやのある黒褐色で、翅頂は丸みがある。
- 【分布】 本州、四国、九州。台地・丘陵帯から低山帯。
- 【生態】 成虫は5月上旬から現れるが、数はあまり多くない。昼飛性の小型ガ。高く舞い上がることはなく、ゆるやかに飛ぶ。主に山間の草原のまばらに生える低木にいるが、葉の裏に隠れている。
- 【観察地の生息状況】 希少種。

チョウ目マダラガ科
ホタルガ *Pidorus atratus*

昼飛性で口吻が発達し、ハッカの小花にもよく飛来して吸蜜する。

- 【形態】 開張55㎜前後。頭頂と首は紅色。体全体がつやのない黒色で、前翅には斜めの白帯がある。
- 【分布】 北海道、本州、四国、九州、沖縄。低地帯から台地・丘陵帯。
- 【生態】 成虫は昼間活動し、ゆるやかに飛び、翅の白帯がクルクルと回っているように見える。普通種で、6～7月と8～9月の年2回出現する。幼虫はツバキ科のサカキやヒサカキの葉を食べ、若齢幼虫で越冬する。
- 【観察地の生息状況】 健在種。

チョウ目イラガ科
ナシイラガ *Narosoideus flavidorsalis*

太い脚で葉に止まるナシイラガ。

【**形態**】 開張33mm前後。体はふっくらし、黄色い。太い脚をもつ。翅は丸みが強く、前翅は褐色。奄美大島以南のものは褐色が強いという。

【**分布**】 北海道、本州、四国、九州。低地帯から低山帯。

【**生態**】 成虫は5～9月に出現し、普通は山際に多い。幼虫はナシ、柿、ソメイヨシノ、クリ、クヌギなどの葉を食べる。成虫は無毒だが、幼虫には毒毛があり、人が触ると非常に痛く、皮膚炎を起こすこともある。蛹で越冬。

【**観察地の生息状況**】 健在種。

静止姿勢の雌。

チョウ目スカシバガ科
ヒメアトスカシバ　*Nokona pernix*

朝、飛び立つ前に日向ぼっこをする雄。

【形態】　開張は雄24㎜前後、雌26㎜前後。触角は先端にいくほどだんだん太くなる。体は黒色で、腹部の第2節と第4節に黄色い帯がある。前翅は細長く、後翅は縁と脈を除くとほとんど透明。飛んでいる姿はドロバチ類(エントツドロバチやオオフタオビドロバチ)に擬態している。

【分布】　本州、四国、九州。低地帯から台地・丘陵帯。

【生態】　夏の日中に活動する。庭先では6月中旬から夏に現れ、花の蜜を求めて素早く飛び回るので、葉に静止しないとわからない。幼虫はヘクソカズラ(アカネ科植物)の茎に虫こぶ(虫えい、ゴール)をつくり、その内部を食べる。幼虫は羽化するまで通常2年かかる。別名フタスジスカシバ。

【観察地の生息状況】　健在種。

雌のヒメアトスカシバ。体面のなめらかさと黄色の帯、透き通った翅が蜂にそっくりだ。

チョウ目スカシバガ科
モモブトスカシバ
Macroscelesia japona

【形態】 開張24mm前後。体は黒褐色で、翅はほとんど透き通っている。腹部に白色の細い横帯があり、後脚は黒色と褐色の毛の束に白い毛が交じっている。

【分布】 北海道、本州、四国、九州。台地・丘陵帯から低山帯。

【生態】 昼飛性。7月初旬に庭先に姿を現し、日当たりの良いヤブガラシ、ヤマグワ、ウマノスズクサの葉上で休んでいる。成虫は花蜜を吸い、幼虫はアマチャヅル(ウリ科植物)の茎に食い込んで虫こぶ(虫えい、ゴール)をつくる。数はあまり多くない。

【観察地の生息状況】 減少種。

モモブトスカシバの交尾。素早く飛ぶ姿はハチに似ているが、静止姿勢は、脚の毛束が目立つ毛むくじゃらのガだ。

チョウ目ハマキモドキ科
コウゾハマキモドキ
Choreutis hyligenes

【形態】 開張15mm前後。前翅は黄褐色から暗灰色まで、個体によって色の変異が多い。

【分布】 北海道、本州、四国、九州。低地帯から台地・丘陵帯。

【生態】 成虫は春から9月にかけて現れる。幼虫はコウゾ、ツルコウゾ、ヤマグワなどの葉を食べる。成虫で越冬。

【観察地の生息状況】 健在種。

7月末、葉上で休むコウゾハマキモドキ。

チョウ目ハマキガ科
ビロードハマキ *Cerace xanthocosma*

カエデの葉上での静止姿勢。釣鐘の形で止まるので英名は「ベル・モス」だが、釣鐘より少し長い体型である。

10月の朝、吸蜜に来たビロードハマキ(右)。左はアカタテハ。

【形態】 体長は雄38mm前後、雌49mm前後。前翅の点模様が美しいガ。雌の体は雄よりも大きく、後翅は広く黄色みが強い。単眼があり、口吻はかなり短い。

【分布】 本州、四国、九州。低地帯から低山帯。

【生態】 暖地性。成虫は6～7月と9～10月に出現し、うっそうとした木立ちに棲む。昼飛性で、樹上をフワリフワリとのんびり飛ぶ。樹液場に来て、樹皮を滑るように回ってから静止する。幼虫は、夏はカエデ科のような落葉樹を、秋から翌春まではツツジ科(アセビ)、ツバキ科(ヤブツバキ)、ブナ科(シイ、カシ)、クスノキ科(クスノキ)などの常緑広葉樹の葉を食べる。主として近畿地方以西が分布域とされていたが、近年、東京都区内や近県での確認例が増えている。幼虫で越冬。

【観察地の生息状況】 希少種。

チョウ目トリバガ科
エゾギクトリバ
Platyptilia farfarella

【形態】　開張20mm前後。体全体は淡い褐色だが、白色がかったのもいる。脚は非常に長く、脛節（けいせつ＝人のすね）にけづめに似たとげ（距）がある。翅は外縁から切れ込んでいて、前翅は2本、後翅は3本に分かれている。

【分布】　北海道、本州、四国、九州。低地帯から台地・丘陵帯。

【生態】　成虫は7月と9～10月に出現し、灯火に飛んで来ることがある。庭先では11月上旬まで見られ、昼間活動し、ゆらりと花にやってきて口吻を伸ばして蜜を吸う。幼虫はキク科の園芸植物であるアスター、キンセンカ、マリーゴールド、ダリア、キク(各品種)などの花やつぼみ、茎の各部位を食べる。その他、キク科植物の野生種も食べる。幼虫で越冬。

【観察地の生息状況】　健在種。

秋めいてくると、庭先ではゆらりゆらりと飛ぶ姿が目立つようになる。

チョウ目トリバガ科
ブドウトリバ
Nippoptilia vitis

【形態】　開張18mm前後。体や翅は黒褐色。鳥の羽のような翅の小型のガ。脚は非常に長く、長いとげ（距）がある。飛ぶと翅が羽毛状に広がり、静止するとすぼめて束ねる(英名はプルーム・モス)。

【分布】　本州、四国、九州。低地帯から台地・丘陵帯。

【生態】　下草で休み、建物の壁面でもよく静止している。成虫は6～9月に出現。花蜜をことのほか好み、庭先ではバジルやヤブガラシの花に来て、翅を横に伸ばしたままの格好で吸蜜する。幼虫は果樹のブドウのつぼみ、花、幼果を食害する。他に野生のブドウ科植物(エビヅル、ノブドウ、ヤブガラシなど)の葉、花、つぼみなどの部位を食べる。成虫で越冬。

【観察地の生息状況】　健在種。

7月、ヤブガラシの花でストローを伸ばして吸蜜中。

チョウ目マドガ科
マドガ
Thyris usitata

【形態】　開張16㎜前後。黒地の翅に橙色の小さな紋が散らばり、前後翅の中室付近には鱗粉のないガラス窓のような斑紋がある。

【分布】　北海道、本州、四国、九州。低地帯から低山帯。

【生態】　成虫は5～9月に現れ、特に7月から目立つようになる。庭先でもよく花に来る。水打ちをすると集まり、翅を開いたまま吸水する。幼虫はボタンヅル(キンポウゲ科植物・花の汁は有毒で付くとかぶれる)の葉を食べる。

【観察地の生息状況】　健在種。

マドガの静止姿勢。

チョウ目メイガ科
フタスジツヅリガ
Eulophopalpia pauperalis

【形態】　開張28㎜前後。地味な色の小さなガ。薄い茶褐色の前翅に2本、後翅に1本の褐色の横線が走る。

【分布】　本州、四国、九州。低地帯から低山帯。

【生態】　成虫は7～9月に出現。庭先では8月に見られるだけで数は少ない。夜半になってから飛来し、定点で長時間かけて吸汁している。

【観察地の生息状況】　健在種。

吸汁中のフタスジツヅリガ。

チョウ目メイガ科

フタスジシマメイガ
Orthopygia glaucinalis

【形態】 開張22mm前後。前翅はやや赤みを帯びた茶褐色で、明瞭な黄褐色の2本の横線がある。

【分布】 北海道、本州、四国、九州、沖縄。低地帯から台地・丘陵帯。

【生態】 成虫は5月と7～10月に出現する。花蜜を吸い、灯火にも飛来する。幼虫は枯葉を食べる。

【観察地の生息状況】 健在種。

口吻が発達し、器用に糖蜜を吸うフタスジシマメイガ。

チョウ目メイガ科

オオウスベニトガリメイガ
Endotricha icelusalis

【形態】 開張18mm前後。鮮やかな紅色に白い帯の小さなが。

【分布】 本州、四国、九州。低地帯から低山帯。

【生態】 成虫は5～9月に現れ、灯火にも飛来する普通の種。樹液に付くと木の周りをよく動き回り、数も多くよく集まる。

【観察地の生息状況】 健在種。

群れをなして吸蜜するオオウスベニトガリメイガ。カナブンも多勢に無勢、心なしか元気のないように見える。

各地に数が多いオオウスベニトガリメイガ。

チョウ目メイガ科
ウスベニトガリメイガ
Endotricha olivacealis

【形態】　開張20mm前後。翅は紫がかった赤褐色。前翅の先端は尖り、後翅に細かな波状模様をなすが、翅の色には変化が多い。

【分布】　北海道、本州、四国、九州、沖縄。低地帯から台地・丘陵帯。

【生態】　成虫は5〜10月に出現する。

【観察地の生息状況】　健在種。

葉上にすっくと立ち上がって静止しているところ。

チョウ目メイガ科
ナカムラサキフトメイガ
Lista ficki

【形態】　開張23mm前後。きれいな小蛾で、前後翅とも一面に黄褐色で、紫色を帯びたなかに、弧を描いたような黄色い帯が目をひく。

【分布】　北海道、本州、四国、九州。台地・丘陵帯から低山帯。

【生態】　成虫は5〜9月まで現れ、樹液を吸汁し、灯火にも集まる。幼虫はカシワ(ブナ科植物)の葉を食べる。

【観察地の生息状況】　健在種。

小蛾に交じって樹液を吸っていることが多い(左下)。右はオオウスベニトガリメイガ。

チョウ目メイガ科

クロモンフトメイガ
Orthaga euadrusalis

【形態】 開張28mm前後。前翅の付け根は白っぽい薄緑で、後半は少し赤みを帯びた褐色。

【分布】 本州、四国、九州。低地帯から低山帯。

【生態】 成虫は7～8月に現れ、幼虫はヌルデ（ウルシ科植物）の葉を食べ、低山に多いといわれる。庭先では8月中に糖蜜を吸いに現れるが、数はとても少ない。

【観察地の生息状況】 健在種。

吸蜜中のクロモンフトメイガ。

チョウ目ツトガ科

シロスジツトガ
Crambus argyrophorus

【形態】 開張22mm前後。頭部は真っ白い。前翅は狭く、茶色の地に前縁と並ぶように白い帯が幅広く続く。

【分布】 北海道、本州、四国、九州。低地帯から低山帯。

【生態】 成虫は5～9月に現れる普通な種。花蜜を吸う。

【観察地の生息状況】 健在種。

翅を屋根型にして止まるシロスジツトガ。

チョウ目ツトガ科
アヤナミノメイガ
Eurrhyparodes accessalis

【形態】 開張19㎜前後。翅はやや青みがかった黒褐色で、淡い黄色の斑紋が多く散らばっている。

【分布】 本州、四国、九州。低地帯から低山帯。

【生態】 成虫は6～10月にかけて現れ、灯火にも飛来する。庭先では8月の深夜になってから、他の小蛾に交じって見られることが多い。

【観察地の生息状況】 健在種。

数が多くよく集まるアヤナミノメイガ。

チョウ目ツトガ科
ヨスジノメイガ *Pagyda quadrilineata*

【形態】 開張23㎜前後。明るい黄色に、濃い横線が浮き立つ。

【分布】 北海道、本州、四国、九州。低地帯から低山帯。

【生態】 成虫は6～10月に出現。庭先では8月から糖蜜にやってきて深夜まで見られ、数も普通。幼虫はムラサキシキブ（クマツヅラ科植物）の葉を食べる。

【観察地の生息状況】 健在種。

吸蜜するヨスジノメイガ。

チョウ目ツトガ科

シロモンノメイガ
Bocchoris inspersalis

【形態】 開張20㎜前後。黒い翅はストロボ光を受けて青く光り、そのなかに白い円紋が浮き出る。

【分布】 北海道、本州、四国、九州、沖縄。台地・丘陵帯から低山帯。

【生態】 成虫は春と8〜10月に出現する。やや山地性で、灯火にも来るが数は少ない。昼飛性で、夏の夕方にゆるやかに飛び回り、吸蜜が済むと葉裏に翅を広げて止まる。庭先では8月中旬頃バジル、スペアミント、ヒメジョオン、ヤブガラシなどで吸蜜する姿が見られる。

【観察地の生息状況】 健在種。

吸蜜するシロモンノメイガ。バジルの白い花がよく似合う。

チョウ目ツトガ科

オオシロモンノメイガ
Chabula telphusalis

【形態】 開張23㎜前後。前後翅ともやや暗い褐色の地色に、白い紋と線が目立つ。

【分布】 北海道、本州、四国、九州。台地・丘陵帯から低山帯。

【生態】 成虫は6〜9月に出現。庭先では7月中旬に現れるが数は少ない。

【観察地の生息状況】 健在種。

吸蜜中のオオシロモンノメイガ。

チョウ目ツトガ科

モモノゴマダラノメイガ
Conogethes punctiferalis

【形態】　開張24㎜前後。体、翅ともに鮮やかな黄色で、黒褐色の斑点を散らしている。

【分布】　本州、四国、九州、沖縄。低地帯から低山帯。

【生態】　成虫は5〜9月に出現。昼間は広葉樹の葉の裏側に静止している。口吻が発達し、庭先では薄暗くなる頃から小花の花蜜を吸い、夜間は樹液や糖蜜に移って来る。幼虫はスモモ、リンゴ、モモ、ザクロ、柿、クリなどの果実を食べる害虫。幼虫で越冬。

【観察地の生息状況】　健在種。

黒褐色の斑点をもつモモノゴマダラノメイガ。

チョウ目ツトガ科

クロヘリキノメイガ
Goniorhynchus butyrosus

【形態】　開張19㎜前後。体全体が濃淡のある黄色で、翅の縁や横線などの黒色が引き立つ。

【分布】　本州、四国、九州。低地帯から低山帯。

【生態】　成虫は5〜6月と、8〜9月に出現。庭先では6月頃から現れるが、数は少ない。

【観察地の生息状況】　健在種。

樹液を吸いに来たクロヘリキノメイガ。

チョウ目ツトガ科

ウスイロキンノメイガ
Pleuroptya punctimarginalis

【形態】 開張25mm前後。黄色い地に褐色の横線が目立つ。
【分布】 本州、九州、沖縄。台地・丘陵帯。
【生態】 成虫は5〜6月と8月に出現し、昼夜活動する。庭先では8月からブットレアの花や糖蜜によく来る。秋には草地や道端のツルボ(ユリ科植物)の花茎でよく見かける。幼虫はクズ、カエデなどの葉を食べる。
【観察地の生息状況】 健在種。

秋の花・ツルボに付くウスイロキンノメイガ。

チョウ目ツトガ科

ワタノメイガ
Haritalodes derogata

【形態】 開張28mm前後。翅は薄い黄色の地で、全面に褐色のすじ模様がある。
【分布】 北海道、本州、四国、九州、沖縄。低地帯から低山帯。
【生態】 九州では6〜12月に、本州では5〜9月に出現する各地で普通な種。成虫は灯火によく集まる。幼虫はアオイ科植物のフヨウ、オクラの葉を筒に巻き、そのなかに潜って葉を食べる。他にワタ、アオイ、ムクゲなども食べる。幼虫で越冬。
【観察地の生息状況】 健在種。

緑葉にワタノメイガがよく映える。

チョウ目ツトガ科
マメノメイガ *Maruca vitrata*

【形態】 開張26㎜前後。前翅は暗い褐色で、後翅は半透明の部分が多く占める。翅の色は変化があり、全体が桃色のものもある。触角は長く、前翅の長さほどもある。

【分布】 北海道、本州、四国、九州、沖縄。低地帯から低山帯。

【生態】 成虫は8〜10月に出現。9月からはアメリカセンダングサの多い雑草地に夕方から花蜜を吸いに多数集まる。また、灯火によく集まり、糖蜜にも付く。幼虫はアズキやササゲの花やさやを食べるマメの害虫。

【観察地の生息状況】 健在種。

花蜜を吸うマメノメイガ。

秋の雑草地に多く見つかるマメノメイガ。

吸蜜するマメノメイガ。

チョウ目ツトガ科

タイワンモンキノメイガ
Syllepte taiwanalis

【形態】 開張34mm前後。翅全面の黒褐色の地に、薄い黄色い紋が散らばり、夜間でも探しやすい。

【分布】 本州、四国、九州。台地・丘陵帯から低山帯。

【生態】 成虫は5～9月に出現する。特に8月は数が増し、庭先の糖蜜や花蜜を吸いに来ると長い時間吸い続け、灯火にも飛来する。幼虫はノブドウの葉を食べる。

【観察地の生息状況】 健在種。

ブットレアの花に付くタイワンモンキノメイガ。

チョウ目ツトガ科

モンキクロノメイガ
Herpetogramma luctuosale

【形態】 開張26mm前後。前後翅とも黒褐色で、白い紋がよく発達している。

【分布】 北海道、本州、四国、九州。低地帯から低山帯。

【生態】 成虫は5～9月に出現し、各地に普通に見られる。庭先では7～8月の夜間、糖蜜を吸汁し、灯火にも集まる。幼虫はブドウの害虫で、他にブドウ科植物のヤマブドウ、ノブドウ、エビヅル、ヤブガラシなどの葉を食べる。

【観察地の生息状況】 健在種。

翅の赤紫色がほのかに浮かび上がるモンキクロノメイガ。

チョウ目ツトガ科

キムジノメイガ
Prodasycnemis inornata

【形態】 開張32mm前後。前翅は橙黄色の無地で、後翅は外縁を除くと一様に薄い黒色。触角は糸状で、脚は白っぽい。雄の中脚脛節には毛の束がある。

【分布】 北海道、本州、四国、九州。低地帯から低山帯。

【生態】 成虫は5〜10月に出現。各地に普通に見られ、庭先では樹液場に吸蜜に来る。幼虫はイネ科植物のチシマザサの葉を食べる。

【観察地の生息状況】 健在種。

暗い樹肌で橙黄色の前翅が際立つキムジノメイガ。

チョウ目ツトガ科

モンスカシキノメイガ
Pseudebulea fentoni

【形態】 開張29mm前後。翅は淡黄色で、前翅の付け根と外横線より外側は黒褐色。後翅の横線と前縁の端の紋は黒褐色だが、大部分は半透明である。触角は糸状。

【分布】 北海道、本州、四国、九州。台地・丘陵帯から低山帯。

【生態】 成虫は6〜8月に出現。庭先では7月上旬頃から吸蜜に来る。

【観察地の生息状況】 健在種。

淡黄色の翅に黒褐色の模様をもつモンスカシキノメイガ。

チョウ目ヤママユガ科

ヤママユ *Antheraea yamamai*

ガ

褐色形のヤママユの雄。今ではその姿はめったに見られない。

【形態】 開張135mm前後。「天蚕」とも呼ぶ日本原産の大型なガ。雄の触角はシダ植物の葉のような羽毛状。雌はくし状。翅の色は黄褐色のことが多いが、赤褐色、茶褐色などもあり、雌雄ともに変化が大きい。前後翅に一対ずつの丸い紋がある。

【分布】 北海道、本州、四国、九州。低地帯から低山帯。

【生態】 成虫は平地から山間部で年1回、7〜9月に現れるが、数は激減している。成虫になると全く餌を取らずに交尾、産卵した後、やがて死滅する。昼間は翅を開いたままじっとして動かない（手でつついても少し飛ぶだけ）。幼虫は主にブナ科植物（コナラ、カシワ、クヌギ、シラカシ、クリ、スダジイなど）の葉を食べる。卵で越冬。繭からとる天蚕糸は、かつて長野と広島が特産地だった。奄美大島以南は別亜種。

【観察地の生息状況】 減少種。

【俳句の季語】 夏（山繭、山蚕、やまこ）。

チョウ目ヤママユガ科

オオミズアオ *Actias artemis*

オオミズアオの英名は「Luna moth（ルナ モス）」。「我は月の女神である」とでも言いたげなオオミズアオ。

雄の立派な触角。

【形態】 開張95mm前後。翅の色は水色（青白）であるが、個体によっては緑白色や黄色みがかっている。前翅の前縁は鮮やかな赤紫色で縁取られ、翅の基部には柔らかな白い毛が密生している。後翅はやや長く、尾のように突出している（尾状突起）。雄の触角は茶色で、葉のような形の羽毛状。近似のオナガミズアオと酷似しているが、オナガミズアオはあまり多くない。

【分布】 北海道、本州、四国、九州。低地帯から低山帯。

【生態】 成虫の出現は年2回で4〜8月。夜行性で、街灯によく飛んで来ることが多く、朝の路面などに居残りの個体を見ることがある。幼虫の食樹は各種広葉樹で、ブナ科植物のクヌギ、コナラ、ミズナラや、バラ科植物のサクラ、アンズ、ウメ、リンゴ、ナシなど。蛹で越冬する。

【観察地の生息状況】 減少種。

①オランダイチゴの葉で羽化し、最初の蛹便（左下の乳白色の水滴）を終えたばかりのオオミズアオ。写真の時刻から6時間20分後の夜中に無事飛び立った。
②ヤマザクラの葉で休息中。昆虫愛好家の間では「最近オオミズアオも少なくなった」という声を耳にする。庭先でも、夏の夜に長い尾をひきながらゆるやかに飛ぶ姿が見られるのは、シーズン中に1回くらいになった。

チョウ目カイコガ科

クワコ *Bombyx mandarina*

雌のクワコ。地色は淡く前翅の先端は丸みをもつ。動作は鈍く羽化後もその場に長い間留まり、性フェロモンを出して雄の飛来を待っている。

【形態】 開張40mm前後。全身が褐色で、前翅の外縁の凹んだ部分は色が濃い。雄は雌より小さい。成虫の口吻は退化していて何も食べない。

【分布】 北海道、本州、四国、九州。低地帯から台地・丘陵帯。

【生態】 クワコ(桑蚕・クワゴともいう)はカイコの原種(祖先型の種)といわれ、カイコとの間には繁殖能力のある雑種ができる。幼虫は暗い茶色で、胸部がやや細長い。成虫は年1回6月頃から羽化するが数はあまり多くない。幼虫は野外でヤマグワの葉を食べる。

【観察地の生息状況】 希少種。

雄のクワコ。立派なくし状の触角をもつ。体に比べると翅の面積が小さいが飛ぶ力が強く、羽化後は翅が伸びきると威勢よく飛び立つ。

クワコの成長

ガ

クワコの若齢幼虫。

不動の姿勢で枝に化けるクワコの終齢幼虫。カイコはクワコを改良したもの。

葉に包まれたクワコの繭。5齢幼虫の後半に吐く糸で葉の間に淡い黄色の繭をつくり、そのなかで脱皮して蛹になる。

観察では繭になってから21日後に羽化した。成虫は蛹から出てしばらくすると、赤色の液体を排泄する（蛹便：右下の葉の赤い部分）。

チョウ目スズメガ科

モモスズメ *Marumba gaschkewitschii*

モモスズメ。5月中旬の夜、羽化して間もない個体が庭先の食樹・ウメの葉で翅を乾かす。

【形態】 開張80mm前後。前翅は茶褐色や赤褐色など変化が多い。前翅にはっきりした横線が走り、後縁の後角近くに黒紋がある。後翅は紅色が目立ち、後角に黒紋がある。

【分布】 北海道、本州、四国、九州。低地帯から低山帯。

【生態】 成虫は5〜8月の間に2回出現し、灯火にもよく飛来する。幼虫は主に緑色と黄色の2型で、多いのは緑型である。食樹は主にバラ科植物のモモ、サクラ、ウワミズザクラ、ウメ、アンズ、スモモ、ナシ、ボケ、ビワなどで、葉を食べる。蛹で越冬。

【観察地の生息状況】 健在種。

1
2

①成虫の胸部や腹部は太い。夜の始め頃に活発に飛びまわる。
②庭先のボケ(バラ科植物)の葉裏に尻を曲げて産卵するモモスズメ。

チョウ目スズメガ科

コウチスズメ *Smerinthus tokyonis*

ガ

庭先で羽化したコウチスズメ。危険が迫ると翅を開いて鮮やかな色を見せて外敵を驚かす。

【形態】 開張59mm前後。前翅の中室の端に小さな赤紋がある。後翅はクリーム色の地で、付け根から中央まで紅色が広がり、後角の眼状紋は黒色で、そのなかの青白い丸い紋が際立つ。

【分布】 本州、四国、九州。低地帯から山地帯。

【生態】 成虫は4月末から8月に出現。幼虫はツツジ類(サラサドウダン、ドウダンツツジ、スノキなど)の葉を食べる。本種は、羽化(見られる)時期が早まる傾向にある。特に食樹のツツジ類の庭や公園への植栽が要因となって、市街地や都会に進出を遂げているものと思われる。本来は山地性で、産地が限られるうえに採集例の少ない希少種とされているが、著者の住む埼玉県ではこの20年で低平地から台地・丘陵地でも見られるようになった。

【観察地の生息状況】 希少種。

【都道府県別RDB】 絶滅危惧Ⅰ類(長崎)、絶滅危惧Ⅱ類(奈良)、準絶滅危惧種(宮城、大阪、宮崎)。

腹端を反り返した姿勢で翅を乾かす。まだ飛べないようだ。

117

チョウ目スズメガ科
クロメンガタスズメ *Acherontia lachesis*

クロメンガタスズメの雌。

クロメンガタスズメの雄。胸部中央は何に見える？ 人の顔？ どくろ？ それともサルの顔？ 神様のいたずらだろうか。

【形態】 開張115㎜前後。前翅長55㎜前後。触角の長さ15㎜前後。雄の触角は平らで短い突起が前方部分にくしの歯のように並ぶ。雌の触角は縦に偏平で、前方部分に細かいすじがある。雌雄とも、中央付近から外側に向かってゆるやかなS字状に曲がり、先は細くなり先端は尖る。胸部中央に丸い人の顔(面形、めんがた)を思わせる模様があるのが特徴で、和名の由来となっている。面形の地色は灰色から黒色のものまであり、非常に興味深い。前翅の表面は黒褐色で、中室の端に明瞭な波状の模様があり、翅の先端部は褐色を帯びる。後翅は黄色で黒帯があるが、外側の2本は特に幅が広い。腹部背面は藍色が光り輝き、これを囲む黒帯も幅広い。腹部の下面は黒帯の他は黄色く、翅の裏面、胸部下面、脚も黄色と黒色の斑である。

【分布】 本州、九州、沖縄。低地帯から台地・丘陵帯。

【生態】 成虫は6〜10月に出現するが、数はややまれである。夏の間に樹液や糖蜜に飛来しないことから吸蜜については不明。ちなみに、ニホンミツバチ、セイヨウミツバチの巣に侵入し吸蜜することがあるという。幼虫はイモムシ型で、終齢は90㎜を超す大きさになる。終齢幼虫の体色には個体変異が多く、緑色型、褐色型、黄色型があり、腹部には斜めに7本のすじがある。尾端の尾角は先がくるっと上方に巻いて

頭部が黒毛の綿羊のサフォークに似ている。1991年公開のアメリカ映画「羊たちの沈黙」で殺人鬼が飼っていたメンガタスズメは本種の仲間である。

いる。広食性で、クコ、トマト、チョウセンアサガオ(毒草)、タバコ、バレイショなどのナス科植物の他、ゴマ、キリ、フジマメなど多種の葉を食べる。成熟した幼虫は地中に潜り、周囲の土を10〜15mmほどの厚みに固めて部屋をつくり、裸のまま腹面を上に向けた格好で蛹化する。羽化は蛹殻(ようかく)の腹面を突き破って地上にはい出し、適当な足場にぶら下がって翅を十分に伸ばす。その後翅が乾くと乳白色の蛹便を多量に数回に分けて排出する。これは、蛹の時期にたまった老廃物である。翅を小刻みに震わせ続け、体温が上昇すると動き出してそのまま飛び立つ。成虫の体に触れたり、飛び立ったりするときに「ジィ」とか「ジィジィ」と高音を発する。飛翔力は強いが、他のスズメガ類のような切れの良いスピード感はなく、普通のゆるやかな飛び方である。

本種は、南アジアから東南アジア、中国南部にかけて広く分布しており、本来、国内分布は温暖な九州以南から南西地域にかけてである。近年の地球温暖化が進むなかで、本種も徐々に北上して分布を広げている。西日本ではほぼ定着し、関東地方でも2010年までに全都県から確認されている。埼玉県では2009年8月に初記録され、北本市、入間市、狭山市、日高市などで成虫・幼虫ともに見つかっている。蛹で越冬。

【観察地の生息状況】 偶産種。

小鳥のように前脚で小枝につかまるのがうまい。中脚と後脚を使って丸抱えにして止まることもある。

①クロメンガタスズメの飛翔。前脚の付け根にある一対の黄色い毛束は、飛翔中は垂れ下がる。
②、③クロメンガタスズメの触角(②雌、③雄)。

クロメンガタスズメの幼虫～羽化

①、②クコの木にて。成熟幼虫の緑色型と褐色型。齢期が進むと食欲旺盛で、葉を食べ尽くすと花びらや子房までむさぼる。飼育下では餌が不足したとき、クコの代わりにナスの実の薄切りを与えると食べる。

③羽化したばかり。口吻の長さは20mmほどもあり幅が広く平たい。羽化直後はチョウのように翅の表面を合わせて重ね、十分に翅が伸びてから水平に整える。

④蛹殻の雌雄の差(左が雄、右が雌)。雌の生殖門は腹部第8節から9節にかけて細い溝状にへこむ。雄は9節から10節にかけて、生殖門の周囲が半球形に膨らむ。

チョウ目スズメガ科
エビガラスズメ *Agrius convolvuli*

光を照らすと胴体の彩りが映える。日没から翌朝まで咲くオシロイバナのロート状の花によく吸蜜に来る。警戒心が強く、なかなか写真を撮らせてくれない。

【形態】 開張93mm前後。前翅は黒褐色のものから灰色がかったものまで、翅の色の変異が多い。腹部に紅色の横帯があり、この部分をエビの殻に見立てて名付けられた。

【分布】 北海道、本州、四国、九州、沖縄。低地帯から山地帯。

【生態】 成虫は5〜11月に出現。庭先では夕方から咲くユウガオ、オオマツヨイグサなどの花蜜を吸いに来るが、樹液には来ない。幼虫はサツマイモの害虫。他にアサガオ、ヒルガオ(ヒルガオ科植物)、フジマメ、アズキ(マメ科植物)などの葉を食べる。抜群の飛翔力で、長い口吻(100mmほど)を延ばしたまま花から花へと飛ぶ姿はスピード感に満ちあふれる。吸蜜中は警戒心が強く、人の気配がするとすぐに遠ざかる。

【観察地の生息状況】 健在種。

チョウ目スズメガ科
クルマスズメ *Ampelophaga rubiginosa*

ホバリングをしながら吸汁中のクルマスズメ。

【形態】 開張85mm前後。前翅は茶褐色で、にじんだようなすじ模様が外側へ広がる。頭部から腹部までの背面に白い縦すじがある。

【分布】 北海道、本州、四国、九州。低地帯から低山帯。

【生態】 成虫は5〜9月に出現。夜間に活動し、動きは活発で小回りも利き、飛翔力も抜群。花巡りをしながら花蜜を吸い、雑木林では樹液にも目がない。灯火にもよく飛んで来る。昼間は社寺林、果樹園、林間などの緑陰に潜んでいる。幼虫はヤマブドウ、ノブドウ、エビヅル、ツタなどのブドウ科植物の葉を食べる。蛹で越冬。

【観察地の生息状況】 減少種。

チョウ目スズメガ科

ブドウスズメ *Acosmeryx castanea*

重たそうな体にしては活発に飛び回るブドウスズメ。庭先へ飛来するのは夜8時頃からで、1回の吸蜜時間は短い。

【形態】 開張80mm前後。前翅は黒褐色で、外縁近くの白線は短い。後翅は淡い褐色。裏面はほぼ赤褐色。

【分布】 北海道、本州、四国、九州、沖縄。低地帯から低山帯。

【生態】 成虫は5〜9月に現れ、灯火にも飛んで来る。庭先では6月中旬から花蜜を吸いに来るが、来ない年もあり数には変動がある。幼虫はブドウ科植物のノブドウ、ブドウ、エビヅル、ツタ、ヤブガラシなどの葉を食べる。蛹で越冬。

【観察地の生息状況】 減少種。

暗闇に赤褐色の翅が目立つブドウスズメ。花はムシトリナデシコ。

チョウ目スズメガ科
ホシヒメホウジャク *Neogurelca himachala*

ガ

夏の夕方にホバリングをしながらブットレアの花蜜を吸うホシヒメホウジャク。

【形態】 開張38mm前後。小型のホウジャク(蜂雀)で、前翅後縁と後翅前縁は弓形に曲がっている。後翅の橙黄色の帯はほぼ三角形に見える。

【分布】 北海道、本州、四国、九州。低地帯から低山帯。

【生態】 成虫は6～10月に年2回出現。昼間活動し、花々をせわしなく飛びながら花蜜を吸う。幼虫はヘクソカズラ(アカネ科植物、葉には悪臭があり、果実は有毒)の葉を食べて育ち、若齢時は淡い緑色をしているが、熟齢幼虫には4つの色彩の型がある。葉を綴り合わせてそのなかに粗い繭をつくり、地上には下りない。蛹、もしくは成虫で越冬。

【観察地の生息状況】 健在種。

①晩秋、触角を畳んで熟睡するホシヒメホウジャクを発見。
②目覚めて触角を上げ後翅を見せた直後、パッと飛び立ってススキの根際に潜り込んだ。

チョウ目スズメガ科
ヒメクロホウジャク *Macroglossum bombylans*

ムシトリナデシコの花蜜を吸うヒメクロホウジャク。

普段ゼンマイのように巻かれている口吻は細長く、花が小さかったり、筒状になっていても、すいっと伸ばせば容易に蜜まで届く。

【形態】 開張40mm前後。頭部から腹部の第4節までの背面はくすんだ黄緑色。腹面の前半は真っ白で後半は黒い。後翅は付け根から橙色が広がる。

【分布】 北海道、本州、四国、九州。低地帯から台地・丘陵帯。

【生態】 成虫は5月と7〜10月に出現。庭先には5月と8月の花期によく現れる。好みの花は、ムシトリナデシコ、ハナトラノオ、ブットレアなどで、弾丸のような勢いで飛んできては、盛りの花を選んで蜜を吸う姿が見られる。幼虫の食草はヘクソカズラ、アカソ、アケビなど。和名の「ホウジャク」は漢字で「蜂雀」を当てる。中南米に棲むハチドリ（ハチスズメともいう）の飛び方に似ていて、力強く飛び回ったり、花蜜を吸うときに翅を素早く動かしてホバリング飛行をしたりする。

【観察地の生息状況】 健在種。

【都道府県別RDB】 準絶滅危惧種（宮城）。

チョウ目スズメガ科
ホシホウジャク
Macroglossum pyrrhosticta

【形態】 開張45mm前後。前翅は褐色で、後翅の付け根から黄色い帯が末広がりになる。翅の裏面は赤褐色。

【分布】 北海道、本州、四国、九州、沖縄。低地帯から台地・丘陵帯。

【生態】 成虫は5〜10月に出現。主に昼間活動するが、夕方からもホバリングしながら吸蜜にせわしなく飛び回る姿が見られる。アオイ科植物のフヨウのような大型の花の場合はがく側に回り、花びらの境にストローを差し込んで吸蜜する。幼虫はサオトメカズラ(アカネ科植物のヘクソカズラ)の葉を食べる。蛹で越冬。

【観察地の生息状況】 健在種。

庭先のハナトラノオ(シソ科植物)の花期には、まるで定期便のように吸蜜にやって来る。

ホバリングをしながらランタナの小花に口吻を差し込んでいるところ。

小回りが利き、ダイナミックに飛び回るホシホウジャク。重なった花びらの間からも器用に吸蜜する。

チョウ目スズメガ科
ベニスズメ　*Deilephila elpenor*

「紅色の弾丸」と呼ぶのにふさわしいベニスズメ。薄暮時からものすごい速さで飛来する。

【形態】　開張60㎜前後。体全体が紅色。体や前翅などにくすんだ黄緑色が交ざる。脚は真っ白で、腹節には白い点紋が規則的に並ぶ。

【分布】　北海道、本州、四国、九州、沖縄。低地帯から低山帯。

【生態】　成虫は5〜9月に現れ、花蜜や雑木林の樹液を吸汁する。8月、著者の庭先にはオシロイバナが日没から翌朝まで咲く。オシロイバナの花はロート状で、長い口吻をもつベニスズメには好都合な蜜源になる。また、急に数が増えるが、翅が破れたり鱗粉が落ちている汚損個体が目立つ。日没から夜半まで、時間を空けて規則的に繰り返しやって来るが、2、3匹が一緒に現れることから、同じ餌場巡りをしているように思える。幼虫はツリフネソウ科（ホウセンカ、ツリフネソウ）、ブドウ科（ブドウ、ヤブガラシ、ツタ）、アカバナ科（オオマツヨイグサ、アカバナ）、ミソハギ科（ミソハギ）などの植物の葉を食べる。かつては夏の灯火にも飛び込んで来たが、現在はそれほどの数はいない。蛹で越冬。

【観察地の生息状況】　減少種。

①ホバリングしながらストロー状の口吻を伸ばして上手に樹液を吸う。
②真夏の夜、庭木に特製の糖蜜を塗っておくと、さまざまなガが集まる。ベニスズメは日没の約 20 分後、早々にやって来る。
③６月初旬、スズメガの仲間では一番早く吸蜜に現れたベニスズメ。

チョウ目スズメガ科
コスズメ *Theretra japonica*

日が沈まないうちから、花蜜や樹液を求めて著者の庭先を飛び回る常連のコスズメ2匹。スズメガは、雀色に似たガということから付けられた和名だが、飛翔力からすればタカやツバメに例えられるだろう。

【形態】 開張63mm前後。口吻の長さ35mm。前翅は先端から前縁に及ぶ斜めのすじがあるが、縁のあたりははっきりしない。腹部の背面と脇には赤褐色の部分がある。

【分布】 北海道、本州、四国、九州、沖縄。台地・丘陵帯から低山帯。

【生態】 成虫は5〜9月に出現。夕刻にせわしなく花に来て、灯火や家の明かりにも集まる普通な種。体は流線形で敏速に飛び回り、花や糖蜜に付いても一瞬にして次の花へ移る。口吻は発達し、ストローは約35mmと非常に長く、細長い筒状の花の蜜も吸いやすい。幼虫には緑色と赤褐色の2型があり、ブドウ科植物(ノブドウ、ブドウの各品種、エビヅル、ツタ、ヤブガラシなど)やユキノシタ科植物(ノリウツギ)、アカバナ科植物(オオマツヨイグサ、ミズタマソウ、フクシヤ)などの葉を食べる。蛹もしくは卵で越冬。

【観察地の生息状況】 健在種。

ブドウの葉を食べるコスズメの幼虫。

「コスズメの花巡り」

ガ

花蜜が大好きなコスズメ。日暮れとともに、高い位置から庭先の花を目がけて猛スピードで下りてくる。花から花へと飛ぶ速度はめまぐるしいほど切れが良く、撮影者泣かせである。低温にも比較的強く、他のスズメガが飛ばないような寒い晩にも軽快に飛び回って吸蜜している。

ハナトラノオの花蜜を吸いに来た。暗闇では赤く見えるコスズメ。

目がパッチリで可愛い、ランタナの花蜜を吸うコスズメ。

触角で花の匂いをかぎ分け、ストロー状の長い口を伸ばして蜜を吸う。花はムシトリナデシコ。

チョウ目スズメガ科
セスジスズメ *Theretra oldenlandiae*

ハナトラノオの花に飛来したセスジスズメ。

【形態】 開張60mm前後。口吻の長さ32mm。前翅は細長く、先端から前縁に太い濃淡の褐色のすじが並ぶ。腹部背面にも2本の白いすじが走る。

【分布】 北海道、本州、四国、九州、沖縄。低地帯から低山帯。

【生態】 成虫は6〜10月に2回出現。日没近くから活発に飛びながら花蜜を吸う姿が見られる。庭先では薄暗い頃より、オシロイバナ、ハナトラノオ、ランタナ、ムギワラギク、ブットレア、ブルーサルビアなどの花蜜をめまぐるしい速さで吸蜜する。幼虫はサトイモやサツマイモの害虫で、その他にホウセンカ、ヤブガラシ、ノブドウなどの葉を食べる。蛹で越冬。

【観察地の生息状況】 健在種。

羽化の後、翅を伸ばして乾かすセスジスズメ。

セスジスズメの幼虫三態

①ヤブガラシによく付く若齢幼虫。
②ヤブガラシの葉を食べる幼虫。
③繭をつくる適当な場所を探し歩く、セスジスズメの成熟幼虫(体長80mm前後)。目玉模様は敵をたじろがせて、追い払う効果がある。

オシロイバナの葉上で休息するセスジスズメ(下)に、捕食者のアカズムカデ(上)が忍び寄る。

チョウ目スズメガ科
オオスカシバ *Cephonodes hylas*

ブットレアの花で吸蜜中のオオスカシバ。

【形態】　開張 65mm 前後。口吻の長さ 17mm 前後。体は明るい黄緑色の鱗毛で覆われ、腹部のなかほどに赤紫色の帯がある。羽化直後の成虫の翅は一面が白っぽい鱗粉で覆われているが、翅を振るわせて鱗粉を吹き飛ばすと透明になる。

【分布】　本州、四国、九州、沖縄。低地帯から低山帯。

【生態】　成虫は 6 〜 10 月に 2 回出現。昼間素早く飛び回り、ブットレア、ムシトリナデシコ、ランタナ、ハナトラノオなどの花蜜を吸いに来る。6 月と 8 月は訪花と産卵が重なるためよく見られる。幼虫はクチナシの葉を食べ、老齢幼虫 (体長 60mm 前後) は浅い地中に潜り蛹になる。幼虫の多くはアシナガバチ類の餌として肉団子にされる。

【観察地の生息状況】　健在種。

羽化直後の翅には鱗粉がついているが(①)、飛び立つ際に鱗粉を振り落として透明になる(②)。

③クチナシの若葉に卵を1つ1つ丹念に産み付けていく。
④幼虫は食欲旺盛で、クチナシの葉を丸坊主にする。

チョウ目アゲハモドキガ科
アゲハモドキ *Epicopeia hainesii*

【形態】 開張58mm前後。翅は灰黒色で、翅脈は黒い。後翅の外縁部は濃い黒色で、はっきりした赤色の斑紋が5個並んでいる。幼虫は全身が白ろうで覆われていて真っ白い。

【分布】 北海道、本州、四国、九州。低地帯から山地帯。

【生態】 成虫は6〜8月に出現。日中あちこち止まりながら弱々しく飛ぶこともあるが、数は多くない。アゲハチョウ科のチョウに擬態している。幼虫はミズキ科植物のミズキ、クマノミズキ、ヤマボウシ、クスノキ科植物のヤマコウバシなどの葉を食べる。蛹で越冬。

【観察地の生息状況】 減少種。

一見すると、小型のアゲハチョウ。色はジャコウアゲハやクロアゲハに似ていて、後翅には尾状突起がある。

毒々しいまでに鮮やかな赤色が目を引くアゲハモドキ。毒のあるジャコウアゲハに擬態しているともいわれる。

初夏の真夏日に、庭先の地面で吸水するアゲハモドキ。

チョウ目ツバメガ科
ギンツバメ　*Acropteris iphiata*

ガ

白い翅に絶妙なすじ模様が美しいギンツバメ。

【形態】　開張27mm前後。白地の翅に灰色のすじ模様がゆるいカーブを描きながら赤褐色の翅端付近までつながる。

【分布】　北海道、本州、四国、九州。低地帯から低山帯。

【生態】　成虫は6〜9月に出現。数は少ない。夜行性で、昼間は薄暗い広い葉上で静止しているが、木陰を飛び回ることもある。日没とともに飛び出し、灯火にもよく飛来する。穏やかな飛び方で、まっすぐにゆっくり飛ぶ。幼虫はガガイモ科のガガイモ属（ガガイモ）やオオカモメヅル属（オオカモメヅル、コカモメヅル、トキワカモメヅルなど）の葉を食べる。

【観察地の生息状況】　希少種。

【都道府県別RDB】　絶滅危惧Ⅱ類（秋田）。

暗闇を優雅に舞う。

チョウ目カギバガ科
モントガリバ *Thyatira batis*

庭先の樹液に付くと白さが華やぐモントガリバ。

- 【形態】 開張34㎜前後。前翅は暗い色で、付け根と先端、後縁の隅に先細りの桃色の大きな紋がある。
- 【分布】 北海道、本州、四国、九州、沖縄。台地・丘陵帯から亜高山帯。
- 【生態】 成虫は5〜10月に現れ、多くは夏の山地で見られる。普通種だが、里山や丘陵では数は少ない。幼虫はキイチゴ類(エビガライチゴ、カジイチゴ、クロイチゴ、モミジイチゴなど)の葉を食べる。蛹で越冬。
- 【観察地の生息状況】 健在種。

チョウ目カギバガ科
オオアヤトガリバ *Habrosyne fraterna*

ガ

翅の模様が美しいオオアヤトガリバ。

【形態】 開張47mm前後。前翅は黒褐色から茶褐色で、外・内横線の間に細かな綾織物のような模様があり、環状紋と腎状紋は縁取りがなく不明瞭である。翅は近縁種アヤトガリバとよく似ているが、本種の方が前翅を斜めに走る白線が細い。

【分布】 本州、四国、九州、沖縄。台地・丘陵帯から低山帯。

【生態】 成虫は5～10月に出現する各地に普通な種。庭先では6月中旬から吸蜜に現れるが数はあまり多くない。幼虫はバラ科植物のクサイチゴの葉を食べる。

【観察地の生息状況】 健在種。

脚と腹部には毛の束が目立つ雄のオオアヤトガリバ。

139

チョウ目カギバガ科
オオバトガリバ *Tethea ampliata*

ミズナラの樹液にやってきたオオバトガリバ。

6月の夜、ヨモギの葉先で翅を開いて休むオオバトガリバ。

【形態】 開張45mm前後。前翅は幅狭く、付け根付近と先端部は白っぽい。他にも小さな白い斑紋が散らばる。内横線は暗色だが4線が数えられるほど。白い腎状紋は明瞭で、小さい環状紋はそれにくっ付く。

【分布】 北海道、本州、四国、九州。低地帯から低山帯。

【生態】 成虫は5〜7月に出現。庭先では主に6月に見られる。幼虫はブナ科植物のミズナラ、クヌギなどの葉を食べる。

【観察地の生息状況】 健在種。

チョウ目カギバガ科
ホソトガリバ
Tethea octogesima

【形態】 開張46mm前後。前翅は細長く灰色がかり、中央の腎状紋と環状紋は明瞭である。
【分布】 北海道、本州、四国、九州。低地帯から低山帯。
【生態】 成虫は5～8月まで出現。暖地の平地にはごく普通な種。庭先では7～8月に吸蜜に来るが数は少ない。幼虫はクヌギの葉を食べる。
【観察地の生息状況】 健在種。

吸蜜中のホソトガリバ。

チョウ目カギバガ科
マユミトガリバ
Neoploca arctipennis

【形態】 開張37mm前後。前翅は黄みのある茶色で、地味。内横線の4線はぼやけていて、腹部背面には黒い毛の束がある。
【分布】 北海道、本州、四国、九州。台地・丘陵帯から低山帯。
【生態】 成虫は3～4月に現れるが、暖地では2月の出現記録がある。庭先では4月初めに見られるが、数は少ない。幼虫はマユミ(ニシキギ科)、コナラ、クヌギ、カシワ、ミズナラ(ブナ科)などの植物の葉を食べる。
【観察地の生息状況】 健在種。

早春の幹で吸蜜するマユミトガリバ。

チョウ目カギバガ科

マエキカギバ *Agnidra scabiosa*

【形態】 開張30mm前後。翅の色は灰褐色の他、変化に富む。前翅の先がカギ状に突き出し、前縁は淡い橙色。前・後翅の中央に丸みのある灰色の紋があり、特に前翅には数が多い。

【分布】 北海道、本州、四国、九州。低地帯から山地帯。

【生態】 成虫は4〜9月まで現れるが、九州では遅くまで見られる。普通な種だが、以前と比べると数は少ない。庭先では糖蜜を吸いに木に付き、灯火にも集まる。幼虫はブナ科植物のクリ、クヌギ、コナラなどの葉を食べる。蛹で越冬。

【観察地の生息状況】 健在種。

春の夜中、糖蜜を吸うマエキカギバ。へばりついたまま動かないのは、捕食者(オオゲジなど)からの攻撃をとっさにかわすための知恵なのだろうか。

チョウ目シャクガ科

シロミャクオエダシャク *Rhynchobapta eburnivena*

白っぽいすじ模様は、体を分断するカムフラージュ効果がある。

【形態】 開張33mm前後。褐色の翅に、翅の脈と、ほぼ一直線の白い横線が走り網目模様に見える。

【分布】 本州、四国、九州。台地・丘陵帯。

【生態】 成虫は5〜10月に出現するが、見られる機会は少ない。昼間は暗がりの建物の側面にぴったり張り付いていることが多い。

【観察地の生息状況】 健在種。

チョウ目シャクガ科
ヒトスジマダラエダシャク *Abraxas latifasciata*

ガ

著者の庭先には食草ツルウメモドキの藪があり、毎年5月のGW前後にその近くで羽化する。写真は、朝、ハマオモトの葉上で翅を乾かしながら触角を縮めて眠っているところ。前翅中室の紋のなかにある黒い環がはっきりしている。

【形態】 開張35mm前後。乳白色の地色に薄い墨色の紋があり、前翅の中室の端の紋には黒い環がある。

【分布】 北海道、本州、四国、九州。低地帯から低山帯。

【生態】 成虫は5～6月と、8～9月に現れるが、数はあまり多くない。幼虫はツルウメモドキやマユミなどの葉を食べる。

【観察地の生息状況】 健在種。

腹部の黄色が際立つヒトスジマダラエダシャク。夜の始め頃から動きだし、飛び方はゆるやかである。

ツルウメモドキの葉上の幼虫。

チョウ目シャクガ科
マエキオエダシャク *Plesiomorpha flaviceps*

葉上でくるりと回る姿が可愛いマエキオエダシャク。

前翅頂が尖り、裏翅の彩りが目立つ。

【形態】 開張25mm前後。前翅はほぼ黒褐色で、前縁は黄色く、翅頂はやや尖っている。前翅の裏面は付け根から外横線まで広く橙黄色である。

【分布】 本州、四国、九州、沖縄。低地帯から台地・丘陵帯。

【生態】 成虫は4月と6～8月に出現。庭先では6月中旬を過ぎてから見られるが数は少ない。幼虫は庭木として人気のあるモチノキ科植物のアオハダ、イヌツゲ、ソヨゴ、クロガネモチなどの葉を食べる。

【観察地の生息状況】 健在種。

チョウ目シャクガ科
ウスオエダシャク
Chiasmia hebesata

【形態】 開張 22mm 前後。翅の全体が白っぽいなかに、褐色の横線が明瞭だが、出現時期により色の濃淡がある。

【分布】 北海道、本州、四国、九州、沖縄。低地帯から低山帯。

【生態】 成虫は 5 〜 9 月に普通に見られる。幼虫は庭木のヤマハギ、マルバハギなどの葉を食べる。

【観察地の生息状況】 健在種。

初秋の陽光を全身で浴びるウスオエダシャク。

チョウ目シャクガ科
ツマジロエダシャク
Krananda latimarginaria

【形態】 開張 37mm 前後。翅は淡い褐色で、前翅の先に白紋がある。後翅外縁の先端は角張っている。翅の色の濃淡には変化があり、黒化型が沖縄に生息する。

【分布】 本州、四国、九州、沖縄。低地帯から低山帯。

【生態】 暖地性。成虫は 4 〜 11 月に出現する。庭先の樹液場には 7 月中旬にやって来るが、数は少ない。幼虫はクスノキ（クスノキ科植物）の葉を食べる。

【観察地の生息状況】 健在種。

明るい色のガで、樹液場に付いても華やいで見える。

チョウ目シャクガ科
シャンハイオエダシャク *Macaria shanghaisaria*

翅を立てたまま糖蜜を吸うシャンハイオエダシャク。

【形態】 開張23mm前後。前翅も後翅も黄色みがあり、後翅は淡い。裏面にははっきりした黒みの帯があり、斑点が多く散らばる。翅の色には変化が見られ、白っぽいものもいる。

【分布】 北海道、本州、四国。低地帯から低山帯。

【生態】 成虫は6〜9月に出現。成虫はまれに4月の低平地で見つかることがあるが、数はあまり多くない。幼虫は日当たりの良い川岸に生えるタチヤナギ、シダレヤナギ、オノエヤナギなどのヤナギ科植物の葉を食べる。

【観察地の生息状況】 健在種。

翅の黒い帯と腹部の黒い点がよく見えるシャンハイオエダシャク。

チョウ目シャクガ科
ウメエダシャク *Cystidia couaggaria*

ガ

東京近郊でも普通に見られるウメエダシャク。

【形態】 開張40mm前後。翅の地色は暗い灰色を帯び、大きな白い模様がある。体全体は明るく、橙色と黒色の丸い紋の対比が鮮やか。

【分布】 北海道、本州、四国、九州。低地帯から低山帯。

【生態】 6〜8月に出現。庭先では例年6月中旬に現れ、昼間にはばたきがわかるくらいゆっくりふわふわと飛ぶ。庭先には幼虫の食樹のウメ、サクラ、ツルウメモドキ、マユミ、ボケ、ピラカンサがあるが、ピラカンサ（バラ科植物）とツルウメモドキ（ニシキギ科植物）の葉を好んで食べる。他に、果樹のモモ、ナシ、リンゴ、ウメなどに食害を与える。幼虫で越冬。

【観察地の生息状況】 健在種。

ピラカンサの葉を食べるウメエダシャクの幼虫（体長45mm前後）。

チョウ目シャクガ科
オオゴマダラエダシャク *Parapercnia giraffata*

庭先に現れた大きなオオゴマダラエダシャク。弱々しくひらひら飛び、白さが目立つ。

【形態】 開張64mm前後。翅は薄い印象で、白地に茶色の斑紋を一面に散らしている。

【分布】 本州、四国、九州。台地・丘陵帯から低山帯。

【生態】 成虫は4～8月に出現。低山では数は普通だが、里山や浅い山ではごく少ない。庭先では8月中に見られることがある。幼虫は体が細長く、シャクトリムシとして知られ、柿、マメガキ(シナノガキ)などの葉を食べる。

【観察地の生息状況】 減少種。

ムギワラギクで休むオオゴマダラエダシャク。

チョウ目シャクガ科

ヒョウモンエダシャク
Arichanna gaschkevitchii

【形態】　開張45mm前後。翅は黒ずんだ白色の地に多数の黒色の斑紋があり、後翅の外半は黄橙色。和名はこの模様を豹の紋に見立てて付けられた。ガにしては翅が大きくて胴が細長い。

【分布】　北海道、本州、四国、九州。台地・丘陵帯から亜高山帯。

【生態】　成虫は6〜9月に出現。主に夜行性だが、庭先では6月の昼間に飛ぶ姿が見られる。幼虫は、ツツジ科植物のアセビ(別名：馬酔木)の他、レンゲツツジ、ハナヒリノキなどの葉を食べる。アセビの葉には毒性の強いアセボトキシンが含まれ、その毒は幼虫から成虫に受け継がれるため、野鳥などに食べられることがない。

【観察地の生息状況】　健在種。

雨降りの晩、エノキの下枝の葉上で休むヒョウモンエダシャク。後翅の外半の黄橙色が美しい。

雄のヒョウモンエダシャク。腹部の各節の黒い紋と、くし状の触角が格好良い。

昼間も活動するヒョウモンエダシャクの雌。クリの花蜜を吸った後、暑さを避けて日陰で休息中。

チョウ目シャクガ科
クロクモエダシャク *Apocleora rimosa*

【形態】 開張39mm前後。触角は雄がくし状で、雌は糸状。翅は茶色でやや細長く濃い横線は明瞭である。

【分布】 本州、四国、九州。低地帯から亜高山帯。

【生態】 成虫は5〜10月に出現。各地にかなり普通に見られ、特に低山に多く、灯火にもよく飛来する。庭先では6月に見られるが、数はそれほど多くない。幼虫の食樹はヒノキ（福島県以西に分布。園芸種があり、庭木や盆栽として人気）で、葉を食べる。

【観察地の生息状況】 健在種。

吸蜜するクロクモエダシャク。

翅を立て、飛び立とうとするクロクモエダシャク。

食樹の天然ヒノキが分布しない東北地方でも見られる。

チョウ目シャクガ科
オオバナミガタエダシャク　*Hypomecis lunifera*

オオバナミガタエダシャクの静止姿勢。翅の表面の模様がつながってひと続きの模様となる。

- 【形態】　開張56mm前後。翅は細長く、一面に黒褐色を帯び、外横線は鋭い鋸歯状。
- 【分布】　北海道、本州、四国、九州。台地・丘陵帯から山地帯。
- 【生態】　成虫は6〜7月と、9月に現れる。幼虫はクリの葉を食べる。
- 【観察地の生息状況】　健在種。

チョウ目シャクガ科
ナミガタエダシャク
Heterarmia charon

- 【形態】　開張40mm前後。前翅は茶色から赤褐色などで、ほぼ中央に濃い色の外横線と中横線が平行に走っている。翅の色には変化がある。
- 【分布】　北海道、本州、四国、九州。低地帯から低山帯。
- 【生態】　成虫は5〜6月に出現。各地に普通な種。幼虫はマサキ(ニシキギ科)、コナラ(ブナ科)、エノキ(ニレ科)、チャノキ(ツバキ科)などの植物の葉を食べる。
- 【観察地の生息状況】　健在種。

ナミガタエダシャクの静止姿勢。

チョウ目シャクガ科
ウスバミスジエダシャク *Hypomecis punctinalis*

立派なくし状の触角をもつ雄のウスバミスジエダシャク。

夜遅くに吸蜜に現れることが多いウスバミスジエダシャク(雌)。

【形態】 開張39㎜前後。翅の色は個体により白っぽいもの、茶色っぽいものなど変化が多い。前後翅の横脈上に特徴的な暗い4つの環があるが、はっきりしないこともある。外横線ははっきりした鋸歯状。

【分布】 北海道、本州、四国、九州。低地帯から低山帯。

【生態】 成虫は5～9月に出現する普通な種。庭先では7～8月の夜遅くなってから吸蜜に現れることが多い。脚がよく発達しており、木の幹の上を素早く歩き回る姿が見られる。幼虫はクヌギ、クリ、カシワ、アカシデ、ヒメヤシャブシ、クロモジ、キツネヤナギ、ノイバラ、リンゴなどの葉を食べる。

【観察地の生息状況】 健在種。

チョウ目シャクガ科

シタクモエダシャク *Microcalicha sordida*

ガ

雄のシタクモエダシャクは羽毛状の美しい触角をもつ。

【形態】 開張25mm前後。雄の触角は羽毛状。翅全体が暗い茶色を帯び、前翅の縁付近には褐色の斑紋がある。後翅の中央に暗い帯があり、その外側には褐色の斑がある。

【分布】 北海道、本州、四国、九州。台地・丘陵帯から山地帯。

【生態】 成虫は4月にいち早く出現し、9月にかけて見られる。庭先では5月に現れ、夕方から夜にかけて低い高さを飛び回るが、数はあまり多くない。夜間の気温が下がると、低木の下枝にぶら下がった状態で止まり、そのままの姿勢で過ごす。幼虫はニシキギ科植物（ツルウメモドキ、コマユミ、クロヅルなど）の葉を食べる。

【観察地の生息状況】 健在種。

灰色がかった後翅の裏面。

チョウ目シャクガ科
ヨモギエダシャク *Ascotis selenaria*

ヤブガラシの葉上で休むヨモギエダシャク。

【形態】 開張43mm前後。一様に灰褐色だが、色の濃淡がある。幼虫の体は滑らかで細長い典型的なシャクトリムシ型で、色は緑、茶、灰、黒など多彩である。

【分布】 北海道、本州、四国、九州。低地帯から低山帯。

【生態】 成虫は5〜10月に3回出現し、普通に見られる。幼虫はヨモギ、クコ、ノイバラ、クリ、フジなど、多種の草木の葉を食べる。蛹で越冬。

【観察地の生息状況】 健在種。

幼虫の擬態：体をまっすぐに伸ばして細い棒のように静止するため、止まっている枝との見分けが付かない。
①クコの木になりすましている。
②茎から横枝に化けているつもりなのか？

チョウ目シャクガ科

オオトビスジエダシャク
Ectropis excellens

【形態】　開張は雄36mm前後、雌48mm前後。不明瞭な白地にすじ模様があり、前翅のほぼ中央に黒褐色の斑紋がある。

【分布】　北海道、本州、四国、九州、沖縄。低地帯から低山帯。

【生態】　3～9月に現れる各地に普通な種。庭先では4～5月と7月に見られ、灯火にも来る。幼虫はクリ、クヌギ、コナラ、ノイバラ、イタドリ、ヤマノイモなど多種の葉を食べる。

【観察地の生息状況】　健在種。

4月初旬、庭先で羽化したオオトビスジエダシャク。

チョウ目シャクガ科

ウスイロオオエダシャク
Amraica superans

【形態】　開張は雄55mm前後、雌70mm前後。雄は前翅の付け根と先端に広い赤褐色の模様があり、雌は雄よりも色が淡い。

【分布】　北海道、本州、四国、九州。低地帯から低山帯。

【生態】　成虫は4～9月に出現し、樹液にやって来る。幼虫はマユミ、マサキ、ツルウメモドキ、ツリバナ、ヒロハツリバナなどニシキギ科植物の葉を食べる。

【観察地の生息状況】　健在種。

吸蜜中の雌。雄の触角はくし状で見分けは簡単。

チョウ目シャクガ科
ナカキエダシャク *Plagodis dolabraria*

ツルウメモドキの葉上で休む雄のナカキエダシャク。

【形態】 開張27mm前後。触角は雄がくし状で、雌が糸状。前翅には無数の線が流れ、後角は紫色。後翅の後角は暗いが、周辺は紫色が広がる。

【分布】 北海道、本州、四国、九州。台地・丘陵帯から低山帯。

【生態】 成虫は5〜9月に出現する。数はやや少ない。庭先では7月中旬頃に小型ガに交じって飛んで来る。飛翔中は黄色く見える。幼虫の食草はコナラ、キイチゴなどで、葉を食べる。

【観察地の生息状況】 健在種。

翅の黄色みが強い夏生まれの雄のナカキエダシャク。

チョウ目シャクガ科

ウラベニエダシャク *Heterolocha aristonaria*

鳥の羽状の触角をもつ雄のウラベニエダシャク。

【形態】 開張23mm前後(春型)。春型は夏型より大きい。前翅は淡色で斑紋や点紋は弱くて薄い紅色を帯びる。後翅の裏の地色は黄色っぽく、紅色が一面に散らばり、特に後方は幅広く彩られる。夏型の前翅は雌雄とも黄色みが強い。

【分布】 本州、四国、九州、沖縄。低地帯から低山帯。

【生態】 成虫は4〜10月に出現。幼虫は野山に生える蔓性の木のスイカズラ(スイカズラ科植物)の葉を食べる。

【観察地の生息状況】 健在種。

【都道府県別RDB】 準絶滅危惧種(宮城)。

翅裏は黄色みが強いウラベニエダシャクの春型。体が細長く、跗節は長くてとげ(距)がないのがシャクガの特徴。

チョウ目シャクガ科
ウスキツバメエダシャク *Ourapteryx nivea*

白さがまばゆいウスキツバメエダシャク。短い尾状突起の付け根に濃赤色の2紋がある。

【形態】　開張は雄43mm前後、雌50mm前後。体全体が白く、前翅は薄い黄色みを帯びる。茶色っぽい横線が前翅に2本、後翅に1本あり、外縁には赤みのある鱗毛が生えている。

【分布】　北海道、本州、四国、九州、沖縄。低地帯から低山帯。

【生態】　成虫は5〜7月と10月に現れ、雑草地や草地で花蜜を求めて弱々しく飛んでいる。夜行性だが、昼間も葉上に止まっていて飛び出すこともある。幼虫はコナラ、クヌギ(ブナ科植物)、エノキ(ニレ科植物)、スイカズラ(スイカズラ科植物)などの葉を食べる。幼虫で越冬。

【観察地の生息状況】　健在種。

顔面は褐色。羽化したばかりの翅はやわらかく、まだ空を飛べない。すっかり乾くまでじっと待つウスキツバメエダシャク。

チョウ目シャクガ科
カギバアオシャク *Tanaorhinus reciprocatus*

新鮮な個体（傷がなく、鱗粉が落ちていないきれいな個体）にはなかなか出会えないほど数が著しく減少しているカギバアオシャク。

【形態】 開張65mm前後。前翅の先が尖った、全面がアイスグリーンの美麗なガ。静止姿勢は、前・後翅にある白い波の模様がひとつながりになる。触角は雌が糸状、雄はくし状。

【分布】 本州、四国、九州、沖縄。低地帯から低山帯。

【生態】 成虫は5〜10月に出現し、活動時期は長いが、浅い山のコナラやクヌギなどの雑木林ではあまり見られない。幼虫はクヌギ、コナラ、カシワなどの葉を食べる。

【観察地の生息状況】 減少種。

【都道府県別RDB】 準絶滅危惧種（宮城）。

めったに裏翅を見せないカギバアオシャク。

チョウ目シャクガ科
カギシロスジアオシャク *Geometra dieckmanni*

雨上がりの晩、静止した姿は緑葉と見分けが付かないほどの美しさだ。

吸蜜中のカギシロスジアオシャク。

【形態】 開張41mm前後。緑色の中形のアオシャク。前翅の先は尖っており、前・後翅の横線、縁毛は白く、特に横線は前翅の前縁で扇形になる。春生まれのサイズは大きく、夏生まれは小さい。

【分布】 北海道、本州、四国、九州。低地帯から低山帯。

【生態】 成虫は5〜8月に2回現れるが、寒地では夏に1回だけ。幼虫はコナラ、クヌギ、ミズナラ、シバグリなどのブナ科植物を食べる。庭先では5月下旬の夜間に糖蜜を吸いに現れるが、数はきわめて少ない。

【観察地の生息状況】 減少種。

チョウ目シャクガ科
シロオビアオシャク *Geometra sponsaria*

樹液を吸うシロオビアオシャク。

【形態】 開張39mm前後。翅は鮮やかな緑色で美麗。前翅の先は尖っていて、中央から後翅に薄い黄色のすじがある。

【分布】 北海道、本州、四国、九州。台地・丘陵帯から低山帯。

【生態】 成虫は4〜9月に出現。浅い山では8月に目にするが数はやや少ない。灯火に飛来し、糖蜜もよく吸う。幼虫は、カバノキ科植物のダケカンバ、ヤマハンノキ、ブナ科植物のカシワなどの葉を食べる。

【観察地の生息状況】 健在種。

【都道府県別RDB】 絶滅危惧I類（長崎）。

緑色の翅が美しい小型のアオシャク。

チョウ目シャクガ科
シロフアオシャク　*Eucyclodes diffictus*

【形態】　開張29mm前後。翅の緑色と淡褐色との対比が特徴的なアオシャク。

【分布】　本州、四国、九州。低地帯から低山帯。

【生態】　成虫は6～9月に出現。庭先では8月中旬になって糖蜜を吸いに現れるが、数はきわめて少ない。幼虫はカワヤナギやコリヤナギなどヤナギ科植物の葉を食べる。

【観察地の生息状況】　健在種。

樹液を吸う、美麗なシロフアオシャク。

チョウ目シャクガ科
ナミガタウスキアオシャク　*Jodis lactearia*

【形態】　開張20mm前後。羽化したときは鮮緑色だが、乳白色に変わりやすい。2本の横線は白く、一面に薄い青みを帯びている。

【分布】　北海道、本州、四国、九州。低地帯から低山帯。

【生態】　成虫は低平地から丘陵には5月下旬頃に現れるが、数は少ない。山間部では8月になると見られる。幼虫はクマシデ(カバノキ科植物)、クヌギ、コナラ(ブナ科植物)、ヤマツツジ(ツツジ科植物)、ミヤマザクラ(バラ科植物)などの葉を食べる。

【観察地の生息状況】　健在種。

サンショウの葉先に止まっているナミガタウスキアオシャク。

チョウ目シャクガ科
ヘリグロヒメアオシャク *Hemithea tritonaria*

数はやや少なく、腹部の背面に赤色の部分がある。一緒に吸汁しているのはスカシコケガ(右)。

【形態】 開張21mm前後、前翅長13mm前後。翅は青緑色で、前翅の外縁はやや丸みをもつ。前後翅の外縁は紫色がかり、白い横線はかすかに見えるか、点になる。

【分布】 本州、四国、九州、沖縄。台地・丘陵帯。

【生態】 成虫は5〜10月に出現。平地や浅い山で見られるが数はやや少ない。庭先では10月に樹液に飛来する。幼虫は枯れ葉を食べる。

【観察地の生息状況】 健在種。

前縁に黄色みが走るヘリグロヒメアオシャク。

チョウ目シャクガ科

フタナミトビヒメシャク *Pylargosceles steganioides*

【形態】 開張22mm前後。春生まれの翅は斑紋が明瞭。

【分布】 北海道、本州、四国、九州。低地帯から低山帯。

【生態】 成虫は4〜9月まで出現するが、庭先ではめったに見られない。幼虫はノイバラ、オランダイチゴ、カタバミ、アオジソ、ホトトギスなどの葉を食べる。

【観察地の生息状況】 健在種。

葉上で翅を休めるフタナミトビヒメシャク。

チョウ目シャクガ科

ベニスジヒメシャク *Timandra recompta*

【形態】 開張25mm前後。静止姿勢で、前翅から後翅にかけて桃色の1本の帯が走る。

【分布】 本州、四国、九州。低地帯から台地・丘陵帯。

【生態】 成虫は5〜10月に出現。雑草地などでは普通な種。夕方から活動し、夜間は草の先で止まっていることが多い。幼虫はタデ科植物のミゾソバやスイバ（スカンポ）、イヌタデ（アカマンマ）などの葉を食べる。北海道産は別亜種とする。

【観察地の生息状況】 健在種。

翅の紅色の横線が美しいベニスジヒメシャク。

チョウ目シャクガ科
マエキヒメシャク *Scopula nigropunctata*

ガ

翅に小さな黒点のある個体もいるが、写真のマエキヒメシャクは前翅に小さな黒点を欠いている。

【形態】 開張28mm前後。白っぽい地で、翅全面に黒色の鱗粉が散らばり、3本の淡褐色の横線がある。後翅はやや角張っている。

【分布】 北海道、本州、四国、九州。低地帯から低山帯。

【生態】 成虫は5〜9月に出現し、庭先では5月中旬から夏にかけて夜間に糖蜜を吸いに来るが、明かりにも飛来する。幼虫はシャクトリムシの仲間で、リンゴ、ヤナギ、スイカズラなどの葉を食べる。

【観察地の生息状況】 健在種。

ムギワラギクで翅を休めるマエキヒメシャク。前・後翅に黒点が現れている。

チョウ目シャクガ科
キオビベニヒメシャク *Idaea impexa*

【形態】 開張12mm前後。翅は一面黄緑色で、細い赤紫色の帯が外縁を通して飾っている。翅のほぼ中央を横線が横切っているが、他ははっきりしない。黒い点は個体によって数がまちまちで、多くても数個ほどが現れる。

【分布】 本州、四国、九州。低地帯から台地・丘陵帯。

【生態】 成虫は5〜7月と9月に出現。灯火にもよく来る。庭先では8月下旬になって吸蜜に現れるが数は少ない。

【観察地の生息状況】 健在種。

夏生まれのキオビベニヒメシャクは、開張がやっと10mmを超えるほどで小さくて可愛い。

チョウ目シャクガ科
フタトビスジナミシャク *Xanthorhoe hortensiaria*

【形態】 開張21mm前後。体と翅は白っぽいが、色には変化が見られる。前翅の中央部には赤みがかった太い帯があり、外横線の途中で鋭く突き出ている。

【分布】 北海道、本州、四国、九州。低地帯から低山帯。

【生態】 成虫は4〜10月に出現する普通な種。平地では春と秋に見られることが多く、昼間は草むらや広葉樹の葉裏に隠れていて、夜間は灯火にも飛来する。庭先では6月後半の日中、地面や低い位置の葉上で静止している姿が見られるが、樹液場には来ない。

【観察地の生息状況】 健在種。

日中、葉上で休息するフタトビスジナミシャク。

チョウ目ドクガ科
リンゴドクガ
Calliteara pseudabietis

【形態】 開張は雄41mm前後、雌55mm前後。体は短くて太く、毛で覆われている。前翅は白っぽい。雄には2本の横線があり、その間は暗色で、雌は全面白っぽいが、翅の色には変化がある。幼虫はレモン色の毛に交じって赤い毛の束を付けている。

【分布】 北海道、本州、四国、九州。低地帯から低山帯。

【生態】 成虫は4〜8月に出現する。幼虫はリンゴ、クヌギ、カエデ、サクラ、ヤナギなどの葉を食べる。蛹で越冬。

【観察地の生息状況】 健在種。

リンゴドクガの雌。体全体が雄よりも白っぽく、体サイズも大きい。

リンゴドクガの雄。触角はくし状で前脚の飾りが何とも粋である。前翅後半の鱗粉は剥離している。

レモン色と赤い毛束がユニークなリンゴドクガの幼虫。「ドクガ」の名が付くが、幼虫に毒針毛はなく、幼虫、成虫ともに無毒。著者の庭先にて、10月15日にヤマザクラの葉で見つかった幼虫を飼育した結果、約2ヵ月後の12月13日に羽化した。

チョウ目シャチホコガ科

モンクロシャチホコ *Phalera flavescens*

庭園木（サクラなど）の害虫。幼虫の姿からは似ても似つかぬモンクロシャチホコの成虫（雌）。

【**形態**】　開張は雄 50mm 前後、雌 57mm 前後。全体が黄白色の地に、前翅の付け根と外縁に黒い斑紋が並ぶ。

【**分布**】　北海道、本州、四国、九州。低地帯から低山帯。

【**生態**】　成虫は 7〜8 月に年 1 回現れ、庭先や公園、街路樹などで見られる。幼虫（毛虫）は葉裏に群生し、ときには葉を食い尽くす。幼虫の付く食樹や色、形態などからサクラケムシ、フナガタケムシなどと呼ばれ、サクラ類を特に食害する。ど派手な赤色をした若齢幼虫は成熟して黒くなると、列をなして幹を下り、浅い地中に潜って蛹になる。樹上の幼虫は主に夜に脱糞する。この糞が洗濯物などに付くと赤く染まり、水洗いでは落ちないので要注意。

【**観察地の生息状況**】　健在種。

葉が風に揺れるたびに触角を動かす（雄）。シャチホコガという名は、幼虫が静止中に尾端を上げている形がシャチホコに似ていることから付けられた。

①地衣類に化けているつもりなのか、ぐっすりと寝ているモンクロシャチホコ。
②羽化して間もない新鮮な個体。枝につかまっている姿が可愛い。
③9月中旬の夜、木から下りた黒い終齢幼虫（体長55mm前後）。黄色い毛を寝かせて地中に潜り、いよいよ蛹になる。

チョウ目ヒトリガ科
スカシコケガ *Nudaria ranruna*

【形態】　前翅長8mm前後。かすかな青みの翅に薄い褐色の模様がある。前翅の中央に暗い紋がある。

【分布】　本州、四国、九州、沖縄。台地・丘陵帯。

【生態】　成虫は5〜10月に出現。数は少なく、雑草地で捕虫網を振ってみても（スウィーピング）、なかなか見つからない。幼虫は地衣類を食べる。

【観察地の生息状況】　健在種。

前翅が半透明なスカシコケガ。

チョウ目ヒトリガ科
ヨツボシホソバ *Lithosia quadra*

【形態】　開張44mm前後。細長い前翅で腹部を包むように止まる。雌雄で色や斑紋が異なり、サイズも雌の方がはるかに大きい。雄の前翅は灰色で、雌は山吹色で4つの黒点をもつ。

【分布】　北海道、本州、四国、九州。低地帯から低山帯。

【生態】　成虫は6〜9月に年2回出現する。庭先では8月に糖蜜に付くが、出会える機会は少ない。幼虫は幹に着生する地衣類を食べる。

【観察地の生息状況】　健在種。

吸汁中のヨツボシホソバの雌。

チョウ目ヒトリガ科
クビワウスグロホソバ *Macrobrochis staudingeri*

庭先の糖蜜を吸いに来たクビワウスグロホソバ。

【形態】 開張45mm前後。前翅はやや細長く、青緑色に輝く。頭頂や胸部背面などは青白く輝き、頭部の後ろは鮮やかな橙色。

【分布】 北海道、本州、四国、九州。台地・丘陵帯から低山帯。

【生態】 成虫は6〜7月に出現。灯火に飛来するが数は少ない。庭先では珍しく、6月初旬にまれに見られる。幼虫は地衣類を食べ、普通は山間部寄りの方が多く見られる。

【観察地の生息状況】 減少種。

チョウ目ヒトリガ科
アカスジシロコケガ *Cyana hamata*

【形態】 開張34㎜前後。雄より雌の方がやや大きい。前翅は白地に赤い縞模様と丸い黒い紋があり、後翅は桃色の美麗な種。

【分布】 北海道、本州、四国、九州、沖縄。台地・丘陵帯から低山帯。

【生態】 成虫は年2回、6～7月と8～9月に出現する。夜行性で、民家近くでは薄暗い壁などに静止している。無理に飛ばしても植物の葉を避けるようにまた壁に付く。幼虫は岩や木などに生える地衣類を食べ、長い毛で編んだ籠状の繭をつくる。幼虫で越冬。伊豆七島(三宅島、御蔵島、八丈島)産は別亜種とされる。

【観察地の生息状況】 健在種。

美麗な翅をもつアカスジシロコケガ。

チョウ目ヒトリガ科
オオベニヘリコケガ *Melanaema venata*

【形態】 開張26㎜前後。一見きらびやかな小さなガ。雄の触角はくし状。体の前には6個の丸い黒紋がある。前翅の縁は紅色を帯び、翅の脈は褐色。別種と見間違えるほど色彩の変異がある。

【分布】 北海道、本州、四国、九州。台地・丘陵帯から山地帯。

【生態】 成虫は6～9月に出現。庭先では6月から現れるが、あまり見られない。山地性で、亜高山帯下部まで広く棲んでいる。幼虫は地衣類を食べる。

【観察地の生息状況】 健在種。

数はやや少ないオオベニヘリコケガ。

チョウ目ヒトリガ科
ハガタベニコケガ *Barsine aberrans*

【形態】 開張23㎜前後。翅の表面の地が橙色で、前縁から外縁にかけては濃い橙色で縁取られる。胸部背面には黒い点があり、前翅表面に歯形に似た模様がある。

【分布】 本州、四国、九州。低地帯から台地・丘陵帯。

【生態】 成虫は5～9月に出現。昼間はうす暗い林縁で休息し、庭先では夜間に樹液に飛んで来るが目にすることは少ない。幼虫は地衣類を食べる。

【観察地の生息状況】 健在種。

暗いなか、ハッとする美しさを秘めたハガタベニコケガ。

チョウ目ヒトリガ科
クロテンハイイロコケガ *Eugoa grisea*

【形態】 開張25㎜前後。前翅は灰色で、丸い黒い点の模様がある。

【分布】 本州、四国、九州。低地帯から低山帯。

【生態】 成虫は6～10月に出現。庭先では8月中旬に樹液を吸いに現れるが、数は少ない。幼虫は樹皮や石の上に生える地衣類を食べる。南方系のガで、関東が北限とされる。

【観察地の生息状況】 健在種。

真夏の夜、吸汁中のクロテンハイイロコケガの雄。

チョウ目ヒトリガ科
カノコガ *Amata fortunei*

【形態】 開張34mm前後。体と翅は黒く、翅には透明感のあるやや広く白い斑紋があり、腹部の付け根と中央に黄色の帯がある。

【分布】 北海道、本州、四国、九州。低地帯から低山帯。

【生態】 成虫は東京近辺では6月と8月に年2回出現し、昼間草地をひらひらと弱々しく飛び回る。庭先では6月に多く見られ、庭木を隠れ家にして天候に関係なく活動している。成虫は花に集まり蜜を吸い、幼虫はシロツメクサ、タンポポ、トクサ、スギナなどの葉を食べる。和名は白色と黒色の鹿の子模様に基づいて付けられた。落ち葉に潜って幼虫で越冬する。

【観察地の生息状況】 健在種。

昼飛性で、静止するときは翅を広げたまま休む。

チョウ目ヒトリガ科
スジモンヒトリ *Spilarctia seriatopunctata*

【形態】 開張40mm前後。翅の地色は変化が多い。翅頂から後縁の中央まで黒い斑点列が並ぶ。

【分布】 北海道、本州、四国、九州、沖縄。低地帯から山地帯。

【生態】 成虫は4〜10月頃まで出現する普通な種。幼虫は毛虫で、サクラ、ヤマグワ、ケヤキなどに付き、地面に下りるとよく動き回るので目に付きやすい。蛹で越冬。

【観察地の生息状況】 健在種。

前翅の付け根から前縁の中央に向って黒いすじがある。

スジモンヒトリの幼虫(体長45mm前後)。長い茶色の毛をまとっているが、毒毛(針)はないので刺さない。

チョウ目コブガ科

カマフリンガ
Macrochthonia fervens

【形態】 開張35mm前後。前翅の先端がより突き出て、外縁がわずかにえぐれている。雌の前翅は赤褐色で、雄ではやや黒みがかる。

【分布】 北海道、本州、四国、九州。台地・丘陵帯から低山帯。

【生態】 成虫は6〜8月に出現するが、数はあまり多くない。庭先では7月中旬頃から樹液を吸いに来る。幼虫はニレ科植物のハルニレ、ケヤキの葉を食べる。

【観察地の生息状況】 健在種。

吸蜜するカマフリンガ。前翅が美しい。

チョウ目ヤガ科

シラナミクロアツバ
Adrapsa simplex

【形態】 開張32mm前後。翅は黒褐色で、3列の白い波模様が続き、特に中央の列は後翅まではっきりしている。前翅先端の白紋は小さく2つに分かれる。

【分布】 本州、四国、九州、沖縄。台地・丘陵帯から低山帯。

【生態】 成虫は6〜9月に出現し、暖地に数多い。庭先ではよく似ているフジロアツバよりやや遅い8月に現れる。幼虫は枯葉を食べ、成虫は花蜜を吸う。

【観察地の生息状況】 健在種。

ムギワラギクの花で吸蜜するシラナミクロアツバ。

チョウ目ヤガ科
オオシラホシアツバ *Edessena hamada*

一見ジャノメチョウに似ているオオシラホシアツバ。白い斑紋が粋である。

【形態】 開張43㎜前後。翅は茶褐色。前翅の白い斑紋はL字形に曲がる。後翅にも小さな細長い白い斑紋がある。

【分布】 北海道、本州、四国、九州。低地帯から低山帯。

【生態】 成虫は6〜9月に出現。庭先では7〜8月に見られるが、数は少ない。幼虫はクヌギの葉を食べる。

【観察地の生息状況】 健在種。

深夜、地面の貝殻の隙間にて吸水行動が見られた。

チョウ目ヤガ科
フサキバアツバ *Mosopia sordida*

吸蜜するフサキバアツバ。中室の黒点と暗い腎状紋がはっきりしている。

【形態】 開張24mm前後。翅の色は暗灰色や暗褐色など、色の濃淡は個体によって差がある。前後翅にある横線は、細い波状になって3本がほぼ平行して走る。雄の前翅前縁の中央に少し凹みがあるが、雌は変わらない。

【分布】 北海道、本州、四国、九州。台地・丘陵帯から低山帯。

【生態】 成虫は6〜8月に出現。各地で普通な種。庭先では7月に入って吸蜜に現れるが数は少ない。成虫は樹液や腐熟果などを吸汁する。別名ホソナミアツバ。

【観察地の生息状況】 健在種。

写真の個体は翅の色が濃い。

チョウ目ヤガ科
フジロアツバ *Adrapsa notigera*

【形態】 開張32mm前後。翅は全面が黒褐色で、前翅外縁近くに白紋がある。後翅には細かな白い点が並ぶ。

【分布】 本州、四国、九州。低地帯から低山帯。

【生態】 成虫は5～9月に出現する。庭先では7月末より現れ、8月になると数が増える。成虫は樹液を吸い、幼虫は枯葉を食べる。

【観察地の生息状況】 健在種。

飛翔中はクルクル回るように見えるフジロアツバ。

チョウ目ヤガ科
シロスジアツバ *Bertula spacoalis*

【形態】 開張28mm前後。前後翅は黒褐色で、光によってはうっすらと青紫色が浮かぶ。前翅は白い2本の横線が波状に走り、外側の横線は後翅まで続く。前翅の先端近くの前縁に白い小紋がある。

【分布】 北海道、本州、四国、九州。低地帯から低山帯。

【生態】 成虫は6～9月に年2回出現する。昼間は草むらの葉裏でじっとしていて、夜間、樹液を吸いに来る。幼虫はバラ、ウメ、カシなどの枯葉を食べる。

【観察地の生息状況】 健在種。

庭先では6～7月に樹液場によく現れる。

チョウ目ヤガ科
オオアカマエアツバ
Simplicia niphona

【形態】 開張35mm前後。前翅は淡い灰褐色。前翅外縁近くを直線状に黄褐色の横線が走っている。

【分布】 北海道、本州、四国、九州。低地帯から低山帯。

【生態】 成虫は5～9月に出現し、各地によく見られる。庭先では7月から見られ、糖蜜を好んで吸う。幼虫はモモ、シイ、コナラなどの枯葉を食べる。

【観察地の生息状況】 健在種。

顔に付く下唇鬚が上向きで長い。

チョウ目ヤガ科
オオシラナミアツバ
Hipoepa fractalis

【形態】 開張23mm前後。前翅は紫褐色で、中央に広い黒褐色の帯がある。各横線ともよく折れ曲がっている。

【分布】 本州、四国、九州、沖縄。低地帯から台地・丘陵帯。

【生態】 成虫は5月と7～10月に出現。各地の低標高地に普通な種。幼虫は各種の植物の枯れ葉を食べる。

【観察地の生息状況】 健在種。

吸蜜に大忙しのオオシラナミアツバ。

チョウ目ヤガ科
ウスキミスジアツバ *Herminia arenosa*

【形態】 開張23mm前後。前翅は淡い黄色あるいは黄褐色。明瞭な3本の横線が走り、内横線は前縁近くでかくんと曲がる。

【分布】 北海道、本州、四国、九州。低地帯から低山帯。

【生態】 成虫は5〜9月に出現する。庭先では夏の夜、樹液場に現れる。幼虫は枯葉を食べる。

【観察地の生息状況】 健在種。

3本の横線が目立つウスキミスジアツバ。

梅雨の最中、エノキの緑陰で休むウスキミスジアツバ。

チョウ目ヤガ科
トビモンアツバ *Hypena indicatalis*

糖蜜を吸うトビモンアツバの秋型。

【形態】 開張 25mm 前後。前翅は黒褐色で、中央にほぼ三角形の黒い紋様があり、横線の外側などに青紫色がうっすらと見える。翅の色は変化に富む。

【分布】 本州、四国、九州、沖縄。台地・丘陵帯から山地帯。

【生態】 南方系のガ。成虫は 6〜9 月に出現するが、11 月以降も見られている。主に山地の夏の草原で見られるが、関東地方が分布の北限とされている。庭先では 10 月中旬頃にまれに糖蜜を吸いに来るが、数は少ない。幼虫はカラムシの葉を食べる。本種の秋型は、以前に別種モンクロアツバとされたこともある。成虫で越冬。

【観察地の生息状況】 健在種。

茎に止まって休む姿。

チョウ目ヤガ科

タイワンキシタアツバ *Hypena trigonalis*

青色の輝きを放つタイワンキシタアツバ。太い下唇鬚の先は上向きである。

体の裏面。後翅、腹部、脚の裏の鮮やかな黄色が際立つ。

【形態】 開張33mm前後。前翅は褐色の地に青色の輝きがあり、大きな黒褐色の三角の斑紋がある。後翅は外縁沿いの他は広く黄色い。

【分布】 本州、四国、九州。台地・丘陵帯から低山帯。

【生態】 暖地性のガ。成虫は5月から急に数が増え、庭先でもよく見られる。昼夜活動し、昼間は人が通るたびに飛び出し、後翅の黄色を目立たせながら低く不規則に飛んだ後、低い所の草木に止まったり、窪みなどに隠れる。夜は止まり場付近から離れず、不活発である。幼虫はイラクサ科植物のヤブマオやカラムシの葉を食べる。

【観察地の生息状況】 健在種。

ガ

吸蜜中のタイワンキシタアツバ。腹部の背中と後翅の黄色がよくわかる。

カラムシの葉を黙々と食べるタイワンキシタアツバの幼虫。

5月、ススキの草間で休む姿を発見。

チョウ目ヤガ科

オオトビモンアツバ *Hypena occata*

【形態】 開張25mm前後。前翅は灰褐色や茶褐色など、色の変化が多い。前翅の中央の横線が明瞭で、外縁は強く外方に突き出ている。

【分布】 本州、四国、九州。低地帯から台地・丘陵帯。

【生態】 成虫は4～10月に出現。庭先では5月から見られ、昼間でも葉の裏から飛び出し、夜間は懐中電灯の明かりに寄って来る。数はやや少ない。幼虫は人里に生えるカラムシ(イラクサ科植物)の葉を食べる。

【観察地の生息状況】 健在種。

昼間に緑陰から飛び出したオオトビモンアツバ。

チョウ目ヤガ科

ウスヅマアツバ *Bomolocha perspicua*

【形態】 前翅長15mm前後。雄の翅の表は黒褐色で幅が広く、前翅後縁は白く縁取られる。雌は全面が明るい褐色。

【分布】 本州、四国、九州。台地・丘陵帯から低山帯。

【生態】 成虫は4～9月に出現。庭先では8～9月に樹液を吸いに現れる。幼虫はヤブマオ、コアカソなどイラクサ科植物の葉を食べる。

【観察地の生息状況】 健在種。

樹液場で吸蜜するウスヅマアツバ。

チョウ目ヤガ科
ヤマガタアツバ
Bomolocha stygiana

【形態】　開帳30mm前後。翅の濃淡に雌雄の差があり、雄は付け根半分が黒色で、外横線を境に外側はやや明るい褐色。雌は一様にやや明るい褐色になる。外横線のほぼ中央は山形のピーク状になる。

【分布】　本州、四国、九州。低地帯から亜高山帯。

【生態】　成虫は5～8月に出現し、各地に普通。昼間は雑草地の草間に潜み、夜間に吸蜜に現れるが、山間部の方が多く見られる。幼虫は山道に多いアカソ（イラクサ科植物）やマルバウツギ（ユキノシタ科植物）などの葉を食べる。

【観察地の生息状況】　健在種。

葉上で休むヤマガタアツバの雄。

チョウ目ヤガ科
シラクモアツバ
Bomolocha zilla

【形態】　開張30mm前後。前翅は焦茶色。その外側は白色であるが、個体により斑紋は変化が多い。

【分布】　北海道、本州、四国。低地帯から低山帯。

【生態】　成虫は本州では4～9月に2回、北海道では6～7月に出現する。庭先では昼間に葉上で見られるが、灯火にも集まる。幼虫はミヤマザクラ（北国に多く、低山から亜高山帯下部に生える）の葉を食べる。

【観察地の生息状況】　健在種。

テングチョウのように下唇鬚が突出しているシラクモアツバ。

チョウ目ヤガ科

フタテンアツバ *Rivula inconspicua*

ピラカンサの花のもとで、雨宿りをするフタテンアツバ。

【形態】 開張16㎜前後。前翅は褐色ではっきりした2本の横線が見られ、中室の端の斑紋に2個の黒い点がある。

【分布】 本州、四国、九州。低地帯から台地・丘陵帯。

【生態】 成虫は4〜9月に出現するが、春に低平地で多く見られる。幼虫はイネ科植物のチヂミザサの葉を食べる。

【観察地の生息状況】 健在種。

夜間、葉先で休息するフタテンアツバ。翅表(①)と腹側(②)。

チョウ目ヤガ科
コフサヤガ
Eutelia adulatricoides

【形態】 開張32mm前後。前翅は褐色が強いが外縁部は白っぽく、全体的に細かい複雑な色や模様をしている。腹部背面には毛の束が分かれて生えていて、腹部先端にも一対の毛の房がある。

【分布】 北海道、本州、四国、九州、沖縄。台地・丘陵帯から低山帯。

【生態】 成虫は6～10月に出現。数は多くない。庭先では、6月頃から素早く飛ぶ姿が見られる。幼虫の食樹はウルシ科植物のヤマウルシ、ハゼノキ、ヌルデなどで葉を食べる。

【観察地の生息状況】 希少種。

小雨の晩にもよく飛び回っているコフサヤガ。

チョウ目ヤガ科
アサマキシタバ
Catocala streckeri

【形態】 開張53mm前後。前翅は暗い褐色で、樹皮に溶け込む色である。前翅のなかほどにハートマークに似た白色斑が目に付く。後翅は他のカトカラ属のような明るい黄色ではなく、淡い黄色である。

【分布】 北海道、本州、四国、九州（近年、記録がある）。低地帯から低山帯。

【生態】 成虫は昼夜活動し、樹液のにじみ出る広葉樹に集まる。幼虫はブナ科植物のアベマキ、アラカシ、コナラ、ミズナラなどの葉を食べる。ヤガ科のうち、後翅の美しい属で、ガの愛好家にはカトカラの名で親しまれている。色彩は地味だが、カトカラ属のなかで最も早い5月下旬より出現するため愛好家の間で人気。

【観察地の生息状況】 健在種。

【都道府県別RDB】 絶滅危惧Ⅱ類（滋賀）、準絶滅危惧種（兵庫、奈良、香川）。

樹液を吸汁中のアサマキシタバ。樹皮と見分けがつきにくい。

チョウ目ヤガ科

ワモンキシタバ *Catocala fulminea*

和名に「シタバ」と付くカトカラ属は、後翅の色や模様が美しくて人気のあるガのグループである。関東あたりでは、アサマキシタバに次いで早い時期に見られる。

- 【形態】 開張55mm前後。触角は糸状。前翅の付け根付近は黒褐色で、その境に白い斜めの帯が入るのが特徴的で、他の部分は灰褐色。後翅の地色は橙黄色で黒い帯との斑紋が鮮やかだが、静止時は前翅に隠れてしまい見えない。
- 【分布】 北海道、本州、四国。台地・丘陵帯から低山帯。
- 【生態】 成虫は6～9月に出現。庭先では6月下旬に見られる。幼虫はバラ科植物のサクラ、ウメ、アンズ、スモモ、モモ、ナシ、ズミ、リンゴ、サンザシなどや、ニレ科植物のアキニレ、ヤナギ科植物のキヌヤナギなどの葉を食べる。
- 【観察地の生息状況】 健在種。
- 【都道府県別RDB】 準絶滅危惧種(大阪、奈良、香川)。

ガ

①吸蜜に忙しいワモンキシタバ。翅の裏面は地味な色である。
②木に止まると翅を閉じてしまうため、飛んで来た時が後翅を見るチャンス！ 他には吸蜜中に小型のガなどに体当たりされると翅を開くので、それまで待つしかない。

チョウ目ヤガ科
キシタバ *Catocala patala*

ストローを伸ばして糖蜜を吸うキシタバ。体と翅裏の色は明るい。

【形態】 開張72mm前後。キシタバ類（カトカラ属）では最も大きい。前翅は暗い褐色で、後翅は濃い黄色と幅の広い黒色の模様が美しい。

【分布】 本州、四国、九州。低地帯から山地帯。

【生態】 成虫は7〜9月に年1回出現。8月中は特に盛んに活動し、樹液に来る数も多い。吸い終わると近くの建物の材に止まって休息に入る。幼虫は主にフジの葉を食べる。卵で越冬。

【観察地の生息状況】 健在種。

キシタバの飛翔。後翅は黒と黄色の縞模様が美しい。

①吸蜜中は後翅の黄色を見せているが、長居をするうちにだんだん翅を狭めていく。
②翅を閉じるとうまく樹皮に同化するキシタバ。

チョウ目ヤガ科
クロモンシタバ *Ophiusa tirhaca*

樹液を吸うクロモンシタバ。

【形態】 開張76mm前後。暖地性の美麗な大型ヤガ。前翅は黄緑色で、外縁沿いは幅広い褐色。前翅の濃淡には変化がある。後翅は黄色で雌雄とも黒帯があるが、雌の方は幅広く、雄は細長い。

【分布】 本州、四国、九州、沖縄。台地・丘陵帯から低山帯。

【生態】 成虫は、九州と沖縄では5〜10月に出現。幼虫はフトモモ科植物のグアバ(別名バンジロウ)や、ウルシ科植物のヌルデ、ハゼノキなどの葉を食べる。地球温暖化などでここ数年、北方へ移動しており、分布上特に注目されている種である。

【観察地の生息状況】 偶産種。

【都道府県別RDB】 準絶滅危惧種(高知)。

クロモンシタバの分布変化

　本種は関東では過去に、栃木、神奈川、群馬、東京、埼玉から数は少ないが偶発的な採集例がある。埼玉では1990年8月に日高町（現、日高市）での夜間採集で雌1個体が得られている。近年では伊奈町と、2010年12月に滑川町で確認されている。著者の庭先では2010年8月、雨が降る夜に樹液に飛来し、その後4晩続けて現れた。翅の傷み方や翅色などから飛来したのは3個体と思われ、いずれも雌であった。この地域に定着したかは不明だが、これからも確認例が増えていくと思われる。

葉に止まるクロモンシタバ。雨のなかでも風のなかでも力強く飛ぶ様子から、ときには遠方まで渡りをする姿が想像できる。

チョウ目ヤガ科
キモンクチバ *Ophisma gravata*

糖蜜を吸いに現れたキモンクチバ。

【形態】 開張55mm前後。前翅は明るい灰みの褐色で、先端は鋭く尖っている。後翅の黒い紋が目を引く。前翅の裏面は淡黄色で外側に黒褐色の帯があり、後翅の裏面と腹部腹面は大部分が白い。

【分布】 本州、四国、九州、沖縄。低地帯から台地・丘陵帯。

【生態】 成虫は3～11月に出現し、樹液や灯火に集まる。幼虫はタデ科植物のホソバノウナギツカミ、イヌタデ、ツルソバなどの葉を食べる。南方系のやや大型ヤガで、本来は屋久島から沖縄に自然分布する希少な種である。現在は九州、四国から関東まで散在的に広がっている。移動性のガと思われ定着しているかは不明だが、おそらく偶然に飛来したものが発見されているのだろう。

【観察地の生息状況】 偶産種。

ガ

①静止中は触角を閉じているが、活動を開始すると開く。
②庭を飛翔中。切れの良い飛び方をするキモンクチバ。南方からの強風に乗って偶然移動してきたのだろうか。著者の庭で初めて見られたのは2010年の猛暑の夏である。夜9時頃に現れ、しばらくの間、木に取り付いて糖蜜を吸っていた。

チョウ目ヤガ科
アシブトクチバ *Dysgonia stuposa*

翅色の調和が美しいアシブトクチバ。

闇夜を飛翔するアシブトクチバ。

【形態】 開張48mm前後。前翅の中央の白帯を挟んだ黒褐色の模様が目をひく。

【分布】 本州、四国、九州、沖縄。低地帯から台地・丘陵帯。

【生態】 成虫は6〜10月に出現。外灯にも飛来するが数はあまり多くない。幼虫はバラ類、ザクロ(ザクロ科)、ネムノキ(マメ科)、イイギリ(イイギリ科)、サルスベリ(ミソハギ科)、ヒトツバハギ(トウダイグサ科)などの植物の葉を食べる。蛹で越冬。

【観察地の生息状況】 健在種。

チョウ目ヤガ科
ムラサキアシブトクチバ *Bastilla maturata*

著者の庭先にはめったに姿を現さないムラサキアシブトクチバ。

【形態】 開張54mm前後。アシブトクチバに似ているが、より大きい。前翅の付け根に近い半分が薄い紫色を帯びる。翅の裏面は灰褐色で外縁沿いは広く白っぽい。腹部側面は暗い色で、各節に白い紋がある。

【分布】 本州、四国、九州。台地・丘陵帯から低山帯。

【生態】 成虫は6～9月に出現。数は暖地でもやや少ない。庭先では8月に見られるが数はとても少ない。

【観察地の生息状況】 希少種。

側面から見たムラサキアシブトクチバ。

チョウ目ヤガ科
ホソオビアシブトクチバ *Parallelia arctotaenia*

翅の横帯の白さが輝くホソオビアシブトクチバ。

【形態】　開張41mm前後。前翅の中央に真っ白い横帯があり、その外側は黒褐色である。また、前縁近くの白の細いすじも目を引く。

【分布】　本州、四国、九州、沖縄。低地帯から低山帯。

【生態】　成虫は5〜10月に現れるが、数は多くない。昼間は草やぶの草間や低木の葉上に静止している。庭先に飛来するのは主に7〜8月の夜間。あまり高い位置を飛ばず、スピードも速くないため翅の白さが際立って見える。幼虫は園芸バラ類の害虫で、他にウバメガシ（ブナ科）、栽培種トウゴマ（トウダイグサ科）などの植物の葉を食べる。蛹で越冬。

【観察地の生息状況】　減少種。

【都道府県別RDB】　準絶滅危惧種（茨城）。

昼間は葉上でじっとしている。

木に着地する寸前。翅の色が淡いホソオビアシブトクチバ。

吸蜜するホソオビアシブトクチバ。樹液に来るが、花には来ない。

ホソオビアシブトクチバ(①)が、低空をひらひらと飛びながらヒキガエル(②)の横を素通りしていく姿を目撃した。

チョウ目ヤガ科
ナカグロクチバ *Grammodes geometrica*

真夏の夜、にわか雨で翅を畳んで葉にぶら下がったナカグロクチバ。

【形態】　開張43㎜前後。前翅の黒い三角模様の中央にある黄みの強い白帯が目を引く。
【分布】　本州、四国、九州、沖縄。低地帯から台地・丘陵帯。
【生態】　成虫は6〜10月に年2回出現するが、あまり数は多くない。昼間は草地の葉上で、翅を完全に閉じて触角を体にぴったりとくっつけ、正三角形に見える休息姿勢で止まっている。また、草間の地面に下りても動きを止めている。幼虫は畑地などに生えるコミカンソウ（トウダイグサ科）やイヌタデ（タデ科）、田んぼや畔に生えるヒメミソハギ（ミソハギ科）などの他に、庭木のザクロ（ザクロ科）やサルスベリ（ミソハギ科）の葉を食べる。
【観察地の生息状況】　偶産種。

観察記録

　著者の庭先の糖蜜に付く時期は、8月中旬〜10月中旬の夜間である。この間の出現日数は、8月は7晩で、そのうちの1晩は最多3匹であった。9月は月末の1晩だけで、10月は3晩であった（2010年、日没前〜夜半の調べ）。8月中は20時過ぎに現れ、23時頃まで長居をする。吸蜜の際、翅は半開きの緊張した状態である。10月は18時半過ぎに現れ、多くは1時間足らずで引き上げる。

ナカグロクチバの出現記録

　埼玉県日高町が 1991 年に発行した『日高町史』に、この地域のガ類の調査報告があり、552 種がリストアップされているが、本種は未記載である。本種は南方系の種で、他の多くの仲間と同様に、地球温暖化のあおりを受けて分布域を北方に拡大している。埼玉県内では 2007 年頃から話題にのぼり、2010 年には関東各地の低海抜地に出現している。著者の庭先での出現も期せずして同年である。

糖蜜を吸う 2 匹のナカグロクチバ。

昼間は葉上でじっとして過ごす。ススキの葉脈と翅の白さが平行になると、体が分断したように見える。こうすると、ススキの葉に紛れて捕食者に見つかりにくいのだろうか。

チョウ目ヤガ科
オオウンモンクチバ *Mocis undata*

吸蜜するオオウンモンクチバ。両前翅に顕著な小さい黒点があり、後翅の黒帯ははっきりしている。

【形態】 開張48mm前後。前翅は褐色で、個体によって濃淡がある。翅の付け根に近い横線はほぼ直線で、その内側に黒点が目立つが、黒点をもたない個体も多い。

【分布】 北海道、本州、四国、九州。低地帯から低山帯。

【生態】 成虫は5〜9月に出現。庭先では7月から現れ始め、8月中が最盛期で9月遅くまで見られる。幼虫はマメ科植物のヌスビトハギ、ヤブマメ、フジ、クズ、エニシダ（栽培種）などの葉を食べる。昼間は日当たりの良い草むらに隠れ、人が踏み込むと飛び出すがすぐに草むらに飛び込む。夜間は、飛来直後はよく飛び回るが、居場所が決まり落ち着くと長居をする。翅を開いたまま吸汁するので見つけやすい。

【観察地の生息状況】 健在種。

チャノキで休息中。前翅はやや濃い色を帯び、小黒点ははっきりしない。

チョウ目ヤガ科
ウンモンクチバ *Mocis annetta*

ガ

翅の色は他に淡い褐色のものや、紫がかった褐色のものなどがいる。

【形態】 開張44mm前後。前翅は濃い赤褐色のものが多いが、色の変化に富む。

【分布】 北海道、本州、四国、九州。低地帯から低山帯。

【生態】 成虫は5〜8月に出現。各地に普通な種で、数も多い。庭先では8〜9月に多数飛来し糖蜜や花蜜を吸う。幼虫はヤマハギ、ヤブマメ、ノダフジ、ヌスビトハギ、ニセアカシアなどマメ科植物の葉を食べる。

【観察地の生息状況】 健在種。

①ブットレアの花にやって来たウンモンクチバ。
②闇夜を活発に飛び回る。

チョウ目ヤガ科
ニセウンモンクチバ *Mocis ancilla*

昼間は草むらに隠れていて日没から動き回るニセウンモンクチバ。

【形態】 開張35mm前後。前翅はやや紫色がかった褐色である。同属のウンモンクチバに似るが、やや小さい。

【分布】 本州、四国、九州。低地帯から低山帯。

【生態】 成虫は5～8月に年2回出現。暖地性の普通種で数はかなり多い。占有性が強く、樹液に付くと後から飛来したガに場所を譲らない。幼虫はヌスビトハギ、ハリエンジュ、ヤマフジなどのマメ科植物の葉を食べる。

【観察地の生息状況】 健在種。

チョウ目ヤガ科
モンムラサキクチバ *Ercheia umbrosa*

ガ

葉に付いた水滴を舐めるモンムラサキクチバ。

【形態】 開張49mm前後。翅全体がほのかに紫がかっている。前翅の前縁は濃い色をし、後縁は材木の切り口の模様に似ている。雌の体は雄よりも大きい。

【分布】 北海道、本州、四国、九州。台地・丘陵帯から低山帯。

【生態】 成虫は5～9月に出現する。庭先では夏の間樹液に付き、普通に見られる。幼虫はマメ科植物の葉を食べる。

【観察地の生息状況】 健在種。

翅の裏面。吸蜜中も翅を細かく振るわせている。

チョウ目ヤガ科
ムクゲコノハ *Thyas juno*

後翅を開くと紅色と藍色が美しい大型のヤガ。

【形態】 開張90㎜前後。前翅は褐色で、顕著な4本の横線がある。後翅の外側は紅色で、内側は黒色に囲まれた藍色の斑紋が美しい。前翅を閉じると枯葉模様になり、カムフラージュ効果がある。

【分布】 北海道、本州、四国、九州。台地・丘陵帯から低山帯。

【生態】 成虫は6〜11月に出現する普通な種。庭先の樹液には7月中旬頃から現れ始め、8月中は普通に見られる。成虫は果汁を吸い、リンゴ、ナシ、モモなどの果実が被害を受ける。幼虫はコナラ、クヌギ、クリ、オニグルミ、サワグルミなどの葉を食べる。

【観察地の生息状況】 健在種。

ヤブキリが近づいて来たため、翅を立てて警戒するムクゲコノハ。

チョウ目ヤガ科
ツキワクチバ *Artena dotata*

著者の庭先では希少なツキワクチバ。2010年8月中旬、深夜に糖蜜を吸いに現れた。

【形態】 開張72mm前後。前翅は濃淡のある褐色。後翅は、淡く紫がかった白い帯がある。和名は白帯を月の輪に見立てて付けられたものであろう。

【分布】 本州、四国、九州、沖縄。台地・丘陵帯から低山帯。

【生態】 成虫は6～9月に出現し、暖地では普通な種。本州の中部以北の確認はごく少ない。長野県では北上中とされ、関東などでも近年の地球温暖化に伴って分布域を拡大していると思われる。幼虫はブナ科植物のアラカシの葉を食べる。

【観察地の生息状況】 偶産種。

チョウ目ヤガ科
フクラスズメ *Arcte coerula*

糖蜜を吸うフクラスズメ。

【形態】　開張83mm前後。体は太くて大きい。翅は茶色系で、黒ずんでいる。後翅の青色が綺麗。幼虫はまばらな長毛をもった毛虫で、赤、黄、白、黒などの縞模様が目に付くどぎつい色をしている。

【分布】　北海道、本州、四国、九州。台地・丘陵帯から低山帯。

【生態】　7〜8月に数が多く、晩秋頃に遅く現れた成虫はそのまま越冬に入り、3月頃に動き出す。夜間活動し、樹液場によく集まる。庭木にバナナ入りネットを吊るすと吸いに来る。幼虫は道端や林縁、やぶで繁茂しているイラクサ科植物(イラクサ、アカソ、ヤブマオ、カラムシなど)を食べる。

【観察地の生息状況】　健在種。

ガ

①どぎつい色をしたフクラスズメの幼虫。息を吹きかけると体の上方を反り返らせ、左右に何度も大きく揺り動かし、2度目にはすぐ落下する。
②オシロイバナの葉上で休息中。

チョウ目ヤガ科
カキバトモエ *Hypopyra vespertilio*

シックな装いの大型ヤガ。前翅の巴模様は痕跡的で、三日月形や点などいろいろな形になる。

【形態】 開張71mm前後。翅は灰色をまぶしたような褐色で、樹皮の色と見分けにくい。前翅の先は尖っている。巴模様は途切れていて痕跡的である。翅の裏は鮮明な橙色で、横線もはっきりしている。

【分布】 本州、四国、九州。低地帯から低山帯。

【生態】 成虫は6〜9月に出現。関東の浅い山や里山では数は少なく、まれに樹液を吸いに現れる程度。幼虫はマメ科植物のネムノキ、ノダフジなどの葉を食べる。

【観察地の生息状況】 減少種。

樹液を吸うカキバトモエ(上)とムクゲコノハ(下)。

翅の表は樹皮と紛らわしいが、裏は明るい橙色。

カキバトモエの静止姿勢。

「幹の滑走路」

ある晩、カキバトモエが滑走路を走るように木の幹を駆け上がるところを目撃。吸蜜を終えてから、飛び立つまでには約50秒を要した。

①吸蜜中も翅を開いたまま定点を動かずにいる（左）。右上に写っているのはカギシロスジアオシャク。
②吸蜜が終わると、翅を立てて一気に幹を数歩駆け上がり、2、3秒間翅を振るわせて橙色の裏翅を見せる。
③飛翔前の準備運動をするかのように、すぐさま助走を開始。
④上に移った瞬間、2度羽ばたくと体をひるがえして背泳ぎの出発のように飛び出した。

チョウ目ヤガ科
オスグロトモエ *Spirama retorta*

夏の夜中、雌（左）に次いで雄が飛来するところを撮影。

- **【形態】** 開張65mm前後。前翅に一つ巴形の大きい斑紋がある。季節型があり、春型は雄と雌による斑紋の差がなく、一つ巴形の斑紋はわずかに痕跡をとどめているにすぎない。前後翅の表面は暗い茶色の他、前翅だけが淡緑色が広がる茶色など、色の変化がある。裏面は雄も雌もともに赤いが、赤色の濃淡には個体差がある。夏型は雄と雌とで異なる。雄の翅は黒褐色で、翅の外側は淡色になり、横線列もぼやけている。裏面は赤色をしていない。雌の翅の表面はうっすらと緑色を帯びた褐色でやや明るい。横線列は全体的にぼやけており、裏面は鮮烈な朱赤色をしている。
- **【分布】** 本州、四国、九州。低地帯から低山帯。
- **【生態】** 成虫は4～9月に出現するが、春型は数が少なく、7～8月の夏型は普通である。糖蜜を好み、樹液によく飛来し、灯火にも集まる。幼虫はマメ科植物のネムノキやハリエンジュの葉を食べる。蛹で越冬。
- **【観察地の生息状況】** 健在種。

さまざまな色変化

ガ

①糖蜜を吸う渋い色の春型。一つ巴形の斑紋はとぎれとぎれになっている。
②翅の薄い緑色の地色が一面に広がる春型。夏型に比べると数はずっと少ない。
③朱赤色が鮮やか。夜空高くまで舞い上がる春型のオスグロトモエ。
④夏型の雌。翅と腹部のどぎつい色の朱赤色にハッとする。
⑤翅の青みが濃い夏型の美しい雄。
⑥吸蜜中の夏型の雌。活動中は完全に翅を閉じてしまうことはない。

213

チョウ目ヤガ科
ハグルマトモエ *Spirama helicina*

夏型の雌同士が仲良く吸汁中。大型ヤガの仲間争いは見たことがない。

【形態】 開張64mm前後。前翅に一つ巴形の斑紋が際立つ。季節の表現型の差は少なく、雌雄の色や斑紋は異なる。雄の翅の表面は黒褐色で、横線の形ははっきりしない。また、春には前翅の先端から一つ巴形の斑紋にかけて白いすじが見られる。雌の色や斑紋の濃淡の個体差は比較的少なく、緑色がかった褐色の地に横線がはっきりして全体が明るい。

【分布】 本州、四国、九州。低地帯から低山帯。

【生態】 成虫は5〜9月に出現する。庭先では6月は少なく、8月は普通に見られる。9月に出る個体は一般に小型になる。水平に力強く飛ぶ本種はアオバズクやフクロウなどに捕食されやすい。成虫は糖蜜を嗜好し、樹液を吸汁する。幼虫はマメ科植物のネムノキの葉を食べる。蛹で越冬。

【観察地の生息状況】 健在種。

ガ

①春型の雄。前翅の先端から一つ巴形の斑紋に白いすじが流れる。
②葉上で糖蜜を探る夏型の雄。目が赤いのはカメラのストロボ光を反射しているため。
③翅の模様がくっきり見える飛翔中の夏型の雌。
④深夜の休息、翅は閉じている。雄の体は小さめ。
⑤吸蜜中の夏型の雌(下)と、口吻を伸ばして木に付いた瞬間の雄(上)。

215

チョウ目ヤガ科
クビグロクチバ *Lygephila maxima*

【形態】 開張58㎜前後。前翅は薄い朽葉色や赤みのある褐色など、翅色の変化がある。ほぼ中央に哺乳類の足跡に似た黒い斑紋(腎状紋)がある。頭頂、頸板は黒色。

【分布】 北海道、本州、四国、九州。台地・丘陵帯から低山帯。

【生態】 成虫は6〜9月に現れ、灯火にも集まる。庭先では6月中旬から見られる。幼虫はイネ科植物やカヤツリグサ科植物の葉を食べる。

【観察地の生息状況】 健在種。

ミズナラの樹液を吸いに来たクビグロクチバ。

翅の裏面は広い黒褐色が明瞭である。

カエデの葉で休息中。

チョウ目ヤガ科
ヒメクビグロクチバ　*Lygephila recta*

【形態】　開張39mm前後。前翅は薄い灰褐色で、中央に黒い斑紋がある。頭頂と頸板は黒色である。

【分布】　北海道、本州、四国、九州。台地・丘陵帯から低山帯。

【生態】　成虫は7〜10月に出現し、越冬したものは春にも見られる。庭先の樹液場には7月頃に現れ、かなり時間をかけて吸汁する。幼虫は林縁の低木に巻き付くヤブマメ(マメ科植物)の葉を食べる。成虫で越冬。

【観察地の生息状況】　健在種。

浅い山で見られるヒメクビグロクチバ。

チョウ目ヤガ科
アカテンクチバ　*Erygia apicalis*

【形態】　開張39mm前後。前翅は黒褐色で、先に明瞭な半月形模様がある。春に見られる個体は夏の個体に比べて体が小さい。

【分布】　本州、四国、九州、沖縄。低地帯から低山帯。

【生態】　成虫は4〜9月に出現。庭先では4〜8月によく見られる。幼虫はマメ科植物のフジやクズの葉を食べる。

【観察地の生息状況】　健在種。

オクラの葉に止まるアカテンクチバ。

チョウ目ヤガ科
オオシロテンクチバ *Hypersypnoides submarginata*

【形態】 開張45mm前後。前翅はくすんだ褐色で、中央の紋は黄色い。翅の縁には白い点が等間隔に並ぶ。

【分布】 本州、四国、九州、沖縄。台地・丘陵帯から低山帯。

【生態】 成虫は5～10月に出現。庭先の樹液場には7月に付くが、数はやや少ない。幼虫はアラカシ、モミジイチゴの葉を食べる。

【観察地の生息状況】 減少種。

【都道府県別RDB】 準絶滅危惧種(茨城)。

オオシロテンクチバの翅は角度によって紫色に輝く。

チョウ目ヤガ科
クロシラフクチバ *Sypnoides fumosus*

【形態】 前翅長25mm前後。前翅は黒褐色で、翅の縁に白い点が並ぶ。色や斑紋の有無などは個体差が著しい。

【分布】 北海道、本州、四国、九州。低地帯から低山帯。

【生態】 成虫は6～10月に出現。日暮れ頃から活発に飛翔し、庭先の樹液場に来る時刻も早い。幼虫はモミジイチゴ(キイチゴ)、ノイバラ(ノバラ)、カシワ、コナラなどの葉を食べる。卵で越冬。

【観察地の生息状況】 健在種。

樹液や糖蜜場にはヤガの仲間がよく付く。クロシラフクチバは止まった直後は後翅が見えているが、落ち着くと前翅を閉じてしまう。

チョウ目ヤガ科
ナカジロシタバ
Aedia leucomelas

【形態】　開張34mm前後。前翅は黒く、後翅に水色を帯びた白色の部分が広がる。

【分布】　本州、四国、九州、沖縄。低地帯から台地・丘陵帯。

【生態】　成虫は、暖地では6〜11月に出現。庭先では8月と10月に糖蜜に来る。各地に普通だが数は年によって多少の変動がある。幼虫はサツマイモの害虫として知られ、アサガオの葉にもよく付く。蛹で越冬。

【観察地の生息状況】　健在種。

後翅の水色が目を引くナカジロシタバ。

チョウ目ヤガ科
ウスヅマクチバ
Dinumma deponens

【形態】　開張40mm前後。前翅の中央は濡れ羽色で褄先は広くて薄くなる。

【分布】　本州、四国、九州。台地・丘陵帯から低山帯。

【生態】　成虫は4月と6〜9月に出現。普通種で数は多い。庭先には5月と7〜8月に飛来し、木の上をよく動き回る。幼虫はネムノキ(マメ科植物)の葉を食べる。成虫で越冬。

【観察地の生息状況】　健在種。

光の加減で青紫色に浮き立つ、美しいウスヅマクチバ。

チョウ目ヤガ科
アヤシラフクチバ *Sypnoides hercules*

夜間、葉上で食後の休憩をとるアヤシラフクチバ。

ミズナラの樹液を吸うアヤシラフクチバ。立派な鋸歯状の触角は雄の証し。翅裏はよく見られる模様だ。

【形態】 開張53mm前後。前翅はうっすらと紫を帯びる淡褐色や黒褐色がある。シラフクチバに似ているが、前翅の中央にほぼ同じ幅の帯があること、裏面では外縁に近い淡黒色の帯の途中から外縁に向かう帯がないことで区別される。

【分布】 北海道、本州、四国、九州。台地・丘陵帯から低山帯。

【生態】 成虫は6～8月に出現。庭先では6月下旬に見られるが、数はごく少ない。吸蜜の後に近くの葉上で食休みしてから飛び立つ。幼虫はブナ科植物のブナ、ミズナラ、カシワ、クヌギなどの葉を食べる。

【観察地の生息状況】 減少種。

①吸蜜場に飛来したアヤシラフクチバ(右)。しかし、先客(オスグロトモエの春型)がいた!
②吸蜜中も翅を閉じないアヤシラフクチバ。

チョウ目ヤガ科

ムラサキツマキリアツバ
Pangrapta curtalis

【形態】 前翅長15mm前後。前後翅とも表は明るい茶褐色系で、色の変化がある。前翅前縁の翅頂近くにほぼ三角形の灰白色紋があり、これに接する外横線は内側にゆるいカーブを切る。翅頂にもやや小ぶりな灰白色紋がある。

【分布】 北海道、本州、四国、九州。低地帯から低山帯。

【生態】 成虫は5～8月に出現。庭先では6月中旬から現れ、樹液を吸いに来たり、雨の晩には木の繁みに隠れたりする姿が見られる。幼虫はスイカズラ科植物のスイカズラやヒョウタンボクの葉を食べる。

【観察地の生息状況】 健在種。

①口器をリズミカルに上下させ、吸蜜に余念がない様子。
②夜、雨が止むのを待つムラサキツマキリアツバ。

チョウ目ヤガ科

リンゴツマキリアツバ
Pangrapta obscurata

【形態】 開張28mm前後。前翅は紫色を帯びた黒色。

【分布】 北海道、本州、四国、九州。低地帯から低山帯。

【生態】 成虫は5～9月に出現。各地に普通な種で数も多い。庭先では6月から樹液に付くが数は少ない。幼虫はバラ科植物のリンゴ、サクラ、ナシ、ナナカマド、ズミなどの葉を食べる。蛹で越冬。

【観察地の生息状況】 健在種。

リンゴツマキリアツバの静止姿勢。

チョウ目ヤガ科
オオアカキリバ *Rusicada privata*

ガ

オオアカキリバの成虫。

【形態】 開張43mm前後。前翅は、雄は暗い赤褐色で、雌は薄い橙褐色。

【分布】 北海道、本州、四国、九州、沖縄。低地帯から低山帯。

【生態】 成虫は5〜9月に出現。庭先では7月の夜間に吸蜜に来る。幼虫はアオイ科植物のフヨウ、ムクゲなどの葉をよく食べる。

【観察地の生息状況】 健在種。

庭先のアメリカフヨウの葉を食べている幼虫。

チョウ目ヤガ科

アカエグリバ *Oraesia excavata*

【形態】 開張50mm前後。前翅は赤褐色。前翅の先端はカギ状で外側に突き出し、後縁は深くえぐれている。雌の触角は糸状、雄はくし状。

【分布】 本州、四国、九州。低地帯から低山帯。

【生態】 成虫は早いときは5月から現れ、11月までと長く出現する。庭先では7〜8月に見られる。成虫はモモ、ミカン、リンゴ、ビワなどの熟果に口吻を刺し込んで果汁を吸う。幼虫は山野に生える蔓性のアオツヅラフジ(ツヅラフジ科植物)の葉を食べる。成虫で越冬。

【観察地の生息状況】 健在種。

前翅の輪郭が格好良いアカエグリバの雄。

蜜を吸うのにせわしない雌のアカエグリバ。触角の形で見分けは簡単。

ガ

アカエグリバの休息姿勢。庭先への飛来は夜遅く、10時頃に見られる。

クモの糸にかかり悪戦苦闘中のアカエグリバ。この後、糸から外れ、難をまぬがれた。

チョウ目ヤガ科
アケビコノハ *Eudocima tyrannus*

大型のコノハガ。前翅は枯葉に擬態し、後翅の橙色が目を引く。

吸蜜に余念がないアケビコノハ。裏翅の橙色が闇夜に映える。

【形態】 開張98mm前後。前翅は枯れ葉のような模様で先端が尖り、完全に閉じると表面の枯れ葉模様が保護色となり、周りの環境に溶け込む。後翅の表面は鮮やかな橙色に黒い帯があって、目に付きやすい色をしている。この対比は翅を急に開くことにより敵を驚かせ、追い払って身を守るのに役に立つ。

【分布】 北海道、本州、四国、九州、沖縄。低地帯から低山帯。

【生態】 春に越冬した成虫が見られ、7月頃から新成虫が出現する。成虫はミカン、モモ、ブドウ、リンゴなどの熟果や腐った果実に丈夫な口吻を差し込んで果汁を吸う、果樹の害虫である。幼虫はアケビ、ミツバアケビ、ムベなどのアケビ科植物の他、ヒイラギナンテン(メギ科植物)、アオツヅラフジ(ツヅラフジ科植物)などの葉を食べる。成虫で越冬。

【観察地の生息状況】 減少種。

①ミズナラの葉上で休息中。翅を少しだけ開いて静止している。
②吸蜜中のムクゲコノハ（上）とアケビコノハ（下）のツーショット。
③占有性が強く、幹のカーブに沿わせて翅を大きく広げて吸蜜する。

チョウ目ヤガ科
マダラエグリバ *Plusiodonta casta*

翅の斑紋と横線が際立つマダラエグリバ。

【形態】 開張29mm前後。前翅は一様に黄金色のように美しい。斑紋、横線ともに顕著。

【分布】 本州、四国、九州。低地帯から低山帯。

【生態】 成虫は5～9月に出現。庭先では5月末～6月に糖蜜を吸いに現れるが数はやや少ない。明かりを照らすと不規則に飛び、チラチラ輝くように見える。幼虫は道端や林縁に生えるアオツヅラフジ(ツヅラフジ科植物)の葉を食べる。

【観察地の生息状況】 健在種。

糖蜜を吸うマダラエグリバ。

チョウ目ヤガ科
ユミガタマダラウワバ
Abrostola abrostolina

【形態】　開張26mm前後。全体的に黒褐色。
【分布】　本州、四国、九州。低地帯から低山帯。
【生態】　成虫は5～9月に出現。夜間に樹液に現れる。庭先では7月に見られるが、数は少ない。幼虫は桑の葉とそっくりなクワクサの葉（クワ科植物）を食べる。
【観察地の生息状況】　健在種。

マダラウワバの仲間では一番小さい種。

チョウ目ヤガ科
ワイギンモンウワバ
Sclerogenia jessica

【形態】　開張30mm前後。前翅は濃い褐色に紫色が帯びる。中央部に白色（銀色）のY字に読み取れる紋様がある。類似種が多い。
【分布】　北海道、本州、四国、九州。低地帯から低山帯。
【生態】　成虫は6月頃から出現し、昼間は葉上にいる。数は多くない。幼虫はシャクトリムシのように歩き、ヒメカンアオイ（ウマノスズクサ科植物）の葉を食べる。
【観察地の生息状況】　減少種。
【都道府県別RDB】　準絶滅危惧種（北海道）。

早朝に羽化したばかりのワイギンモンウワバ。昼過ぎまで葉上で休んでいた。

チョウ目ヤガ科
ギンスジキンウワバ *Erythroplusia rutilifrons*

春の夜風にあおられながら、一心不乱に吸蜜するギンスジキンウワバ。

【形態】 開張29㎜前後。前翅は赤褐色で、中央にはほぼ丸い銀白色の紋がある。

【分布】 北海道、本州、四国、九州。低地帯から台地・丘陵帯。

【生態】 成虫は4〜9月に出現。アメリカセンダングサや栽培ギク、コスモスなど各種の花蜜を吸い、灯火にも集まる。幼虫はオオバコの葉を食べる。

【観察地の生息状況】 健在種。

アヤメの葉で静止姿勢をとる。

チョウ目ヤガ科
タマナギンウワバ
Autographa nigrisigna

【形態】 開張37mm前後。前翅は灰褐色を帯び、中央の銀白色の斑紋は、通常離れているが、つながってY字状になる個体もある。

【分布】 北海道、本州、四国、九州。低地帯から低山帯。

【生態】 成虫は5～7月、9～11月に出現。和名のタマナ(玉菜)はキャベツの意で、幼虫はキャベツ、ハクサイ、ニンジンなどの野菜の葉を食べる。

【観察地の生息状況】 健在種。

銀白色の斑紋が映えるタマナギンウワバ。

チョウ目ヤガ科
キクキンウワバ
Thysanoplusia intermixta

【形態】 開張40mm前後。前翅は茶褐色で、中央から外縁にかけて金緑色に輝く。

【分布】 北海道、本州、四国、九州。低地帯から低山帯。

【生態】 成虫は6～10月に出現する。庭や都市公園などで最も普通な種。幼虫はキク科植物を好み、ゴボウ、フキ、タンポポ、ノアザミ、ハルジオンなどの他に、イラクサ科やセリ科植物の葉も食べる。

【観察地の生息状況】 健在種。

ハナトラノオの花に付くキクキンウワバ。昼間も活動し、夕方からは同じ花に集中して吸蜜する。

チョウ目ヤガ科

エゾギクキンウワバ
Ctenoplusia albostriata

【形態】 開張31mm前後。前翅の中央に細長い灰褐色の紋があるが、ない個体もいる。

【分布】 北海道、本州、四国、九州、沖縄。低地帯から低山帯。

【生態】 成虫は7～11月に出現し、各地に普通な種。庭先では8～9月に目立つ。昼間は花に来て吸蜜するが、夜も活動する。幼虫はエゾギク、ヒメジョオン、ダリア、キンセンカなどのキク科植物の他、ヒルガオ科植物の葉を食べる。

【観察地の生息状況】 健在種。

吸汁中のエゾギクキンウワバ。樹液場に来ると落ち着くまで翅をバタバタさせている。

チョウ目ヤガ科

ミツモンキンウワバ
Ctenoplusia agnata

【形態】 開張30mm前後。前翅は黒みのある赤褐色で、中央付近に小さな銀白色の紋がある。

【分布】 北海道、本州、四国、九州、沖縄。低地帯から低山帯。

【生態】 成虫は7～10月に出現。各地に普通な種で数も多い。幼虫はニンジン、ダイズ、ゴボウ、ワタ、ミゾソバ、レモンエゴマ、シモバシラなどの葉を食べる。幼虫は寄生蜂のキンウワバトビコバチに寄生されるといわれる。

【観察地の生息状況】 健在種。

夜中、糖蜜を求めて飛んで来たミツモンキンウワバ。

チョウ目ヤガ科
イチジクキンウワバ *Chrysodeixis eriosoma*

翅を震わせながら吸蜜するイチジクキンウワバ。右の個体はアズチグモに捕まり、毒で麻痺させられている。

【形態】 開張38mm前後。翅は明るい褐色で、前翅の中央にある銀白色の斑紋2個は離れている。
【分布】 北海道、本州、四国、九州、沖縄。低地帯から台地・丘陵帯。
【生態】 成虫は7〜11月に出現。庭先では8〜9月に求愛飛行が見られるほど多数飛び回る。特にブットレアの花蜜を吸い続けるため、花に潜むアズチグモ、ハナグモなど小型クモ類の餌食になりやすい。雑草地のアメリカセンダングサの花にも好んで集まる。幼虫はイチジク、オランダイチゴ、ゴボウ、ニンジン、カラムシなどの葉を食べる。
【観察地の生息状況】 健在種。

チョウ目ヤガ科
ウリキンウワバ *Anadevidia peponis*

成虫は各地に普通で、10月に見ることも多い。

緑陰にまぎれて静止しているところ。

【形態】 開張39mm前後。前翅は濃淡のある暗い灰色で、外横線は細かい刻み目になり、ぼやける。

【分布】 北海道、本州、四国、九州、沖縄。低地帯から低山帯。

【生態】 成虫は4～10月にかけて見られ、数回の出現を繰り返す。庭先では6～10月に見られる。各地に普通な種で、幼虫はウリ科植物(キュウリ、ヘチマ、カボチャ、メロン、ヒョウタン、ユウガオ、カラスウリなど)の葉を食べあさる。これらの食草植物は、近年広まりを見せる家庭菜園や緑のカーテンに使われており、それに伴って本種の数も増えている。幼虫や蛹で越冬。

【観察地の生息状況】 健在種。

チョウ目ヤガ科
ヒメクルマコヤガ
Oruza divisa

【形態】 開帳18mm前後。前翅の前縁が幅広い白い帯でひとつながりになるのがこの種の特徴。他に胸部背面、後翅の付け根、腹部の一部にも及ぶ。前・後翅ともに褐色を帯びるが、色の変化がある。

【分布】 本州、四国、九州。低地帯から台地・丘陵帯。

【生態】 成虫は6～9月に出現。灯火にも集まる。庭先では7月に吸蜜に付くが数は少ない。幼虫の食性はよくわかっていないが、秋の幼虫はイネの穂に発生するイネコウジ菌(稲麹)を食べる。

【観察地の生息状況】 健在種。

吸蜜中のヒメクルマコヤガ。前翅の白い帯が目立つ。

チョウ目ヤガ科
ヒメネジロコヤガ
Maliattha signifera

【形態】 開張16.5mm前後。前翅の付け根はほぼ白色で、中央は暗い黄緑色。

【分布】 本州、四国、九州、沖縄。低地帯から台地・丘陵帯。

【生態】 成虫は6～9月に出現。暖地によく見られ、庭先では6月下旬から小さなガの仲間に交じって吸蜜に来る。

【観察地の生息状況】 健在種。

葉先で休むヒメネジロコヤガ。白くて目立つが数は少ない。

チョウ目ヤガ科
トビイロトラガ *Sarbanissa subflava*

ヤマザクラの幹で休むトビイロトラガ。前翅の細やかな模様が鮮やかだ。

昼間は葉上でじっとしていて、夜間によく活動する。灯火にも飛来する。

【形態】 開張45mm前後。静止の姿形はシャチホコを思い起こさせる。和名は、焦げ茶色の翅色が鳥のトビに、ヒゲ（糸状の触角）を生やしたいかつい顔つきが猛獣のトラに似ていることから付けられたと思われる。翅を開くと美しく、特に後翅は黄色の地に茶色の縁どりがある。

【分布】 本州、四国、九州、沖縄。低地帯から低山帯。

【生態】 成虫は5〜9月に出現する。庭先では6〜8月に多く現れ、花蜜や樹液を吸う。幼虫はブドウ科植物のヤブガラシ、ブドウ、ツタなどの葉を食べる。蛹で越冬。

【観察地の生息状況】 健在種。

ガ

ブットレアの花蜜を吸うトビイロトラガ。体や脚の荒い毛も橙色で、鮮やかさが引き立つ。

①樹液を吸いに来たトビイロトラガ。
②翅を開いた姿も美しい。ツタのある市街地でも見られる。

コラム 4

トビイロトラガの舞い

　日が落ちて間もなく、トビイロトラガがヤマザクラの幹から1mほど離れた周りをびゅんびゅんと飛び回る。月夜に目が慣れ、翅の橙色がちらっと見えたりする。小回りが利き、切れの良いスピード感にあふれた飛翔である。

　やがて1匹が加わり、始めから飛んでいたテリトリーの主が追いかけ回す。連日連夜、夜の始め頃の30分間だけ、この見応えのある円舞が鑑賞できる。

　円舞は後から来た方が飛び去って終わりとなる。居残った方は精根尽き果てて近くに静止したままで、人が近づいたくらいでは飛ぼうともしない。外国のトラガは飛びながら両者が音を出し続けているという。

　この行動は雄同士のテリトリー争いだろうか。それとも雄雌の求愛だろうか。どちらの舞いなのか…。真偽を確かめるまでにはまだ至っていない。

日没後の30分間、連日連夜、円舞を披露するトビイロトラガ。

チョウ目ヤガ科
キクセダカモクメ *Cucullia kurilullia*

ブットレアの花蜜を吸うキクセダカモクメ。

【形態】 開張48mm前後。前翅の前縁と後縁は濃い褐色を帯び、他は淡い。
【分布】 北海道、本州、四国、九州。台地・丘陵帯から低山帯。
【生態】 成虫は5～9月に出現。庭先では7～8月中旬まで夕方から花々に吸蜜に来るが、数は少ない。幼虫はキク科植物のアキノノゲシ、オニノゲシ、ユウガギク、シラヤマギク、カントウヨメナ、ヨメナなどの花や葉を食べる。
【観察地の生息状況】 健在種。
【都道府県別RDB】 絶滅危惧II類（香川）。

チョウ目ヤガ科
ケンモンミドリキリガ　*Daseochaeta viridis*

庭先のヤマザクラ近くのコケに付いてじっとしていた。新鮮な個体で美しい。

- 【形態】　開帳39mm前後。前翅は鮮やかな緑色で、白と黒の波模様があり、後翅は褐色である。ゴマケンモンに似ているが、体は大きい。オスの触角はくし状で美しい。前脚と中脚にはふさふさした淡緑色の毛が密生している。色や模様から、蘚苔類か地衣類に擬態しているように思える。
- 【分布】　北海道、本州、四国、九州。台地・丘陵帯から低山帯。
- 【生態】　成虫は10～11月に出現。個体数はやや少ない。幼虫はヤマザクラ(バラ科植物)や山地の谷あいに生えるチドリノキ(カエデ科植物)の葉を食べる。別名ミドリケンモン。
- 【観察地の生息状況】　健在種。

チョウ目ヤガ科

カラスヨトウ *Amphipyra livida*

カラスに似たつやのある黒褐色の翅をもつカラスヨトウ。真夏には数が多くなるが汚損個体が目立つため、写真のような新鮮な個体が見られるのは珍しい。

【形態】 開張47㎜前後。一見して黒いが、前翅はつやのある黒褐色で、後翅は黄褐色。

【分布】 北海道、本州、四国、九州。低地帯から低山帯。

【生態】 成虫は7～11月に出現し、個体数は最も多い。盛夏には集団で休眠(夏眠)することが知られる。庭先の樹液には7～8月に多く見られ、薄暗くなる頃から飛来して陣取り、他のガが樹液に付くと素早く追い払う行動が見られる。吸汁が済むと脇の緑陰に潜む。幼虫はイタドリ、ヤブガラシ、タンポポ類、アマナ、バラ類などの若葉を食べる。成虫で集団越冬。

【観察地の生息状況】 健在種。

チョウ目ヤガ科
オオシマカラスヨトウ *Amphipyra monolitha*

吸蜜中のオオシマカラスヨトウの成虫。

【形態】　開張60㎜前後。前翅は茶褐色あるいは紫褐色で、中央に白っぽい環状紋がある。後翅は濃いえんじ色。翅の裏面は大部分が淡い赤褐色で、後翅の外縁沿いは広く濃い赤褐色。ナンカイカラスヨトウに似ているが、本種の腹部側面には明瞭な白黒の縞模様が並ぶ。

【分布】　本州、四国、九州。低地帯から低山帯。

【生態】　成虫は7～10月に出現。普通な種で数は少なくない。コナラ、クヌギ、ミズナラなどブナ科植物の樹液に集まり、昼間は樹皮の下や木の割れ目などに潜ってへばりついている。庭先では7～8月と10月にたびたび見られる。成虫は樹液に付くと、その周りをすごい速さで走り回ってから吸い始める。人が近づくと逃げ惑うような行動をとってから、もとの場所に落ち着く。幼虫はエノキ(ニレ科)、サクラ類(バラ科)、クヌギ、アラカシ、アベマキ、コナラ(ブナ科)、ヤナギ類(ヤナギ科)などの植物の葉を食べる。蛹で越冬。

【観察地の生息状況】　健在種。

①飛翔中のオオシマカラスヨトウ。
②葉に付いて休憩中。
③幼虫の気門は黄白の線で結ばれている。写真は、寄生蜂の1種が幼虫の気門に似せた卵を産み付けているところ。

チョウ目ヤガ科

ゴマケンモン *Moma alpium*

暗闇の華、ゴマケンモン。急な雨音に驚いたように飛び移った瞬間、後翅が見られた。

前翅の緑色がみずみずしいゴマケンモン。

【形態】 開張36mm前後。前翅は鮮やかな緑色で、白と黒の斑紋が散らばる。後翅は淡い褐色。

【分布】 北海道、本州、四国、九州。低地帯から低山帯。

【生態】 成虫は6〜8月に出現。庭先には糖蜜を吸いに来るが、数はやや少ない。地衣類の着生した樹皮に静止すると、前翅の模様がカムフラージュになる。幼虫はブナ科植物のクヌギ、コナラ、ミズナラ、カバノキ科植物のシラカンバなどの葉を食べる。

【観察地の生息状況】 健在種。

チョウ目ヤガ科

オオケンモン *Acronicta major*

ガ

剣形の紋が目を引くオオケンモン(右)。左はチャオビヨトウ。

【形態】 開張60mm前後。前翅は灰褐色を帯び、後翅は暗い黄褐色。前翅の付け根から剣形の紋が伸びている。日本のケンモンヤガの仲間では最も大きい。

【分布】 北海道、本州、四国、九州。低地帯から低山帯。

【生態】 成虫は5〜10月に出現し、主に低海抜地に棲む。庭先では7〜8月に見られ、樹液場にも来る。幼虫はハリエンジュ、スモモ、リンゴなどの葉を食べる。

【観察地の生息状況】 健在種。

チャオビヨトウ(左)と場所取りの小競り合いをするオオケンモン(右)。

チョウ目ヤガ科
シロハラケンモン *Plataplecta pulverosa*

【形態】 前翅長17mm前後。前翅は暗い褐色で、付け根にははっきりした黒いすじがあり、他のすじや横線の近くは緑色がかっている。
【分布】 本州、四国、九州。低地帯から台地・丘陵帯。
【生態】 成虫は5～6月と、8～9月に出現。庭先では5月に樹液を吸いに現れる。幼虫はグミ科植物のアキグミの葉を食べる。
【観察地の生息状況】 健在種。

吸蜜中のシロハラケンモン。庭先には春生まれだけがやって来る。

チョウ目ヤガ科
リンゴケンモン *Triaena intermedia*

【形態】 開張48mm前後。前翅は細長くて灰白色を帯び、外縁に向けて大きい剣形の紋がある。
【分布】 北海道、本州、九州。台地・丘陵帯から低山帯。
【生態】 成虫は5～8月に出現し、各地に普通に見られる。庭先では6月から糖蜜を吸いに現れるが、他のケンモンヤガに比べると少ない。幼虫はリンゴ、モモ、ナシ、サクラなどの葉を食べる。
【観察地の生息状況】 健在種。
【都道府県別RDB】 絶滅危惧Ⅱ類（香川）。

時間をかけてゆっくり吸蜜中のリンゴケンモン。

チョウ目ヤガ科
ナシケンモン *Viminia rumicis*

ガ

吸蜜中のナシケンモン(左)とカラスヨトウ(右)。

【形態】 開張38mm前後。前翅は灰褐色で、付け根に剣状紋がある。環状紋と後角の近くの白紋が明瞭。

【分布】 北海道、本州、四国、九州。低地帯から山地帯。

【生態】 成虫は4〜11月まで長期にわたって現れ、灯火にも糖蜜にもよく飛来する。庭先では7〜10月初めに現れ、特に8月中はよく見られる。幼虫は広食性で、ギシギシ、サクラ、アブラナなど、多種にわたる草木の葉を食べる。また、ナシ、スモモなどの果樹の他に野菜も食害する。

【観察地の生息状況】 健在種。

鋭いとげをもつ、ちょっとこわもての幼虫だ。ノハラアザミの葉を食べているところ。

チョウ目ヤガ科
シマケンモン *Craniophora fasciata*

【形態】 開張38mm前後。前翅は灰褐色で、外縁にむけて黒い剣状紋がはっきりしている。後翅は暗い褐色。

【分布】 本州、四国、九州、沖縄。低地帯から台地・丘陵帯。

【生態】 成虫は4～9月に出現する。庭先では糖蜜を吸いに5月中旬に現れ、7～8月には数が多くなる。幼虫はネズミモチ、ヒイラギ、モクセイなどの葉を食べる。

【観察地の生息状況】 健在種。

5月、夜の冷え込みにもめげず吸蜜に現れたシマケンモン。

チョウ目ヤガ科
フタトガリコヤガ *Xanthodes transversa*

【形態】 開張40mm前後。翅の地色はクリーム色で、前翅の外縁は褐色を帯び、翅を開くと目にも鮮やかな装い。幼虫は毛虫で、長毛がまばらに生えている。終齢幼虫の体色には2種の違った色の型がある（コラム5参照）。

【分布】 本州、四国、九州、沖縄。低地帯から台地・丘陵帯。

【生態】 成虫は6月と9月の年2回出現。平地の都市公園、庭園、庭などに普通に見られる。幼虫は、フヨウ、アオイ（モクフヨウ）、オクラ、ムクゲ、ハマボウ、ワタなどのアオイ科植物の葉をよく食べる。蛹で越冬。

【観察地の生息状況】 健在種。

ハマオモトの葉上にて、静止姿勢をとるフタトガリコヤガ。

コラム 5

フタトガリコヤガの幼虫 2 型

　庭先のニホンフヨウの葉に付いているフタトガリコヤガの毛虫は、ほとんどが葉の表にいて隠れていない。朝、ガビチョウ(スズメ目チメドリ科)が飛んで来たが、首をかしげて毛虫をじっと見ていただけでそそくさと帰っていった。しばらくして、若いスズメが勇猛にも毛虫に飛び付いた。よほどまずい味だったのか、スズメもそれきり顔を見せなかった。

　ヤマザクラのうろの住人、ヨコヅナサシガメ(カメムシの1種)ならばこの毛虫を食べるかもしれない。青虫の体液はごちそうだ。だが、著者の期待はあっさり裏切られた。毛虫が長い毛を見せびらかすと、横目で見ていたヨコヅナサシガメは退散した。

　毛虫の彩りや斑紋の現れ方は、生き残るために役立っている。目をみはるような黄、黒、赤の縞や斑紋は、捕食者に自分を気づかせるための警戒色になっている。一方、緑一色の型の毛虫は、葉の色とよく適合した色彩をしており、しばしばカムフラージュ、つまり保護色となって身を守っているのだ。

①②は警戒色をもつタイプ。③は保護色をもつタイプ。②は脱皮したばかりで、下の白いものは抜け殻。

チョウ目ヤガ科

オオタバコガ *Helicoverpa armigera*

【形態】 開張35mm前後。前翅は明るい褐色で波状の線があり、色には濃淡がある。裏面は薄黄色の部分が多い。

【分布】 北海道、本州、四国、九州、沖縄。低地帯から台地・丘陵帯。

【生態】 成虫は8〜10月に出現し、全国的にごく普通で数も多い。花期の長いアメリカセンダングサ（キク科植物、北米原産）によく集まり、吸蜜する。夜間、庭の草花では白い花のバジルに来て盛んに吸蜜する。幼虫は広食性で、タバコ、ピーマン、トマト、ワタ、マメなど野菜や特用作物の農業害虫である。蛹で越冬。

【観察地の生息状況】 健在種。

畑作物の害虫として名高いオオタバコガ。

葉に止まって休むオオタバコガ。

バジルの白い花で蜜を吸うオオタバコガ。

チョウ目ヤガ科

タバコガ

Helicoverpa assulta

【形態】 開張35mm前後。前翅は黄みのある茶色で、後翅の外縁は幅広く黒褐色で縁取られる。

【分布】 北海道、本州、四国、九州、沖縄。低地帯から台地・丘陵帯。

【生態】 成虫は7～10月に出現し、暖地では普通な種だが、寒地や山地ではやや少ない。薄暗くなると活動を開始し、細かな花々を巡って花蜜を吸う。幼虫は昔からタバコ(ナス科の栽培種)の害虫として有名。他にホオズキ、トマト、ナス、ピーマンなどナス科植物の葉を食害する。タバコの花は夜閉じてしまうため、夜行性の成虫は吸蜜に来ない。

【観察地の生息状況】 健在種。

夏の夕暮れ、庭先のブルーサルビアの花蜜を求めて飛んで来たタバコガ。

チョウ目ヤガ科

ウスオビヤガ

Pyrrhia bifasciata

【形態】 開張30mm前後。前翅は褐色で、2本の淡い横線が明瞭。

【分布】 北海道、本州、四国、九州。台地・丘陵帯から低山帯。

【生態】 成虫は7～9月に出現し、庭先では6月下旬頃から樹液を吸いに来るが、飛来数は多くない。幼虫はキリ(ゴマノハグサ科植物)、サワグルミ、オニグルミ(クルミ科植物)などの葉を食べる。

【観察地の生息状況】 健在種。

糖蜜を吸いに来たウスオビヤガ。

チョウ目ヤガ科
シロスジツマキリヨトウ *Callopistria albolineola*

湾曲した白い横線が目を引くシロスジツマキリヨトウ(雌)。

【形態】 開張28mm前後。前翅の地は黒いが、全体的には白っぽい。すじの白さは際立ち、特に外側のすじが大きく湾曲している。

【分布】 北海道、本州、四国、九州。台地・丘陵帯から低山帯。

【生態】 成虫は、早いものは5月に現れるが、主に6〜8月に出現する。庭先では6月中旬に現れ始めるが、樹液に来る数はとても少ない。里山から浅い山間で数が増えるようである。幼虫は崖や岩に生える常緑のイワヒバ(イワヒバ科植物)を食べる。

【観察地の生息状況】 健在種。

【都道府県別RDB】 準絶滅危惧種(岩手)。

吸蜜に来たシロスジツマキリヨトウの雄。やや少ない小型ガだ。

チョウ目ヤガ科
ヒメツマキリヨトウ *Callopistria duplicans*

ガ

葉に止まると華やいで見えるヒメツマキリヨトウ。

【形態】 開張28mm前後。前翅は赤褐色から黒褐色など、色の変化がある。全体は複雑な白い紋で彩られる。前翅の翅頂に近い外縁では、白い紋が「V字」になる。雄の触角は付け根の先でゆるやかに曲がっている。

【分布】 北海道、本州、四国、九州、沖縄。台地・丘陵帯から低山帯。

【生態】 成虫は5〜9月に出現。庭先では6月下旬から吸蜜に現れるが、数はやや少ない。幼虫はカニクサ科植物のカニクサ（蔓性のシダ）の葉を食べる。

【観察地の生息状況】 健在種。

吸蜜するヒメツマキリヨトウ。

チョウ目ヤガ科
ムラサキツマキリヨトウ *Callopistria juventina*

【形態】 開張33㎜前後。前翅は茶褐色で横線沿いは赤紫色を帯びる。
【分布】 北海道、本州、四国、九州、沖縄。低地帯から低山帯。
【生態】 成虫は5〜8月に出現し、普通な種だが数はあまり多くない。樹液に付き、灯火にもよく集まる。幼虫はシダ植物のワラビやツルシノブの葉を食べる。蛹で越冬。
【観察地の生息状況】 健在種。

糖蜜を吸うムラサキツマキリヨトウ。樹皮と見分けがつきにくい。

チョウ目ヤガ科
アヤナミツマキリヨトウ *Callopistria placodoides*

【形態】 開張28㎜前後。前翅は紫がかった褐色。
【分布】 本州、四国、九州、沖縄。台地・丘陵帯から低山帯。
【生態】 成虫は7〜9月に現れる。庭先の糖蜜には7〜8月に付くが数はやや少ない。幼虫はシダ植物のワラビやホシダ(関東以西に分布)の葉を食べる。暖地の種で、関東地方が北限とされている。埼玉県では、1983年9月に日高町(現・日高市)で初記録され、他に大滝村(現・秩父市)、長瀞町などで記録がある。
【観察地の生息状況】 健在種。

糖蜜を吸うアヤナミツマキリヨトウ。

チョウ目ヤガ科
シロシタヨトウ *Sarcopolia illoba*

樹液を吸うシロシタヨトウ。

- **【形態】** 開張42mm前後。前翅は紫を帯びた濃い褐色で、後翅は黒褐色、黄褐色など色の変化がある。若齢幼虫は緑色だが成熟すると黄茶色や黒褐色になる。
- **【分布】** 北海道、本州、四国、九州。低地帯から台地・丘陵帯。
- **【生態】** 成虫は5～10月に出現する。低平地に普通な種。夜間に樹液を吸い、灯火にも集まる。幼虫は、ニンジン、キャベツ、ゴボウ、ダイズなど野菜の重要害虫で、他に草木など非常に多種の葉を食べる。
- **【観察地の生息状況】** 健在種。

①シロバナタンポポの枯れ始めた葉を食べるシロシタヨトウの幼虫。
②シロシタヨトウの黄茶色の幼虫。

チョウ目ヤガ科

フサクビヨトウ
Sideridis honeyi

【形態】 開張23mm前後。前翅の黒と桃紫色の織り成す模様があでやか。白っぽく縁取られた環状紋と腎状紋は顕著で下の端で触れている。

【分布】 北海道、本州、四国、九州。台地・丘陵帯から低山帯。

【生態】 成虫は6～8月に出現し、庭先では7月の夜に吸蜜に来るが数は少ない。軽やかに速く飛び、翅を半開きにして止まる。幼虫はナデシコ科植物のヒゲナデシコ、カーネーション、フシグロセンノウ、ハコベなどの葉を食べる。

【観察地の生息状況】 健在種。

斑紋が際立つフサクビヨトウ。

チョウ目ヤガ科

クロシタキヨトウ
Mythimna placida

【形態】 開張41mm前後。前翅は薄い黄色で、横線は細かな黒い点になり、後翅は黒い褐色。

【分布】 北海道、本州、四国、九州。低地帯から低山帯。

【生態】 成虫は5～9月に現れ、全国的に普通な種。光にも集まり樹液にも来る。幼虫はイネ科植物の葉を食べる。

【観察地の生息状況】 健在種。

樹液には日暮れとともに飛来するクロシタキヨトウ。

チョウ目ヤガ科

スジシロキヨトウ
Mythimna striata

【形態】 開張41mm前後。前翅に黄白のすじと黒点が2列に続く。

【分布】 本州、四国、九州、沖縄。低地帯から低山帯。

【生態】 成虫は5～11月に現れる普通な種。樹液に付く。幼虫はジュズダマやトウモロコシなどイネ科植物の葉を食べる。

【観察地の生息状況】 健在種。

樹液にやって来たスジシロキヨトウ。ストロボ光で後翅に紫色が浮かび上がる。

チョウ目ヤガ科

フタオビキヨトウ
Mythimna turca

【形態】 開張45mm前後。前翅は赤褐色で、内、外横線は明瞭で、中室の端に細長い白い紋(腎状紋)がある。後翅も濃い赤みを帯びる。

【分布】 北海道、本州、四国、九州。低地帯から低山帯。

【生態】 成虫は低平地では年2回出現し、5〜9月に現れる普通な種。庭先では5月中旬からぽつぽつ現れ始める。光にも集まり、樹液に付くと長い時間をかけて吸い続け、終わると近くで休息をとる。幼虫はイネ科植物のジュズダマ、ヨシ、オギ、ヌマガヤなどの葉を食べる。

【観察地の生息状況】 健在種。

翅の赤みが強いフタオビキヨトウ。

春の夜風にめげずに休息中。

樹上を活発に動き回りながら吸蜜する。

チョウ目ヤガ科
アカモクメヨトウ *Apamea aquila*

白い点が腎状紋であるアカモクメヨトウ。

【形態】 開張41mm前後。前翅は全体的に暗い赤褐色で、腎状紋のあるあたりは白い点が集まって目立つ。

【分布】 北海道、本州、四国、九州。台地・丘陵帯から山地帯。

【生態】 成虫は6～9月に出現し、山地では7～8月に多い。庭先では6月下旬から樹液や灯火に来るが、数は多くない。幼虫は野山の湿地に生えるイネ科植物のヌマガヤの葉を食べる。

【観察地の生息状況】 健在種。

アカモクメヨトウ。前翅は紫がかっていて、後翅は黒い。

チョウ目ヤガ科
ギシギシヨトウ *Atrachea nitens*

ガ

雄の触角は糸のこ状になっている。

【形態】 開張39mm前後。前翅は暗い褐色の地で、付け根とその近く、その他に暗い緑色の斑紋がある。

【分布】 北海道、本州、四国、九州。低地帯から低山帯。

【生態】 成虫は5〜9月に現れる各地に普通な種。庭先では5月に糖蜜を吸いに現れるが、夏の間は見られない。幼虫はギシギシ（タデ科植物）、カモジグサ（イネ科植物）の葉や茎などの部位を食べる。

【観察地の生息状況】 健在種。

脚を広げて待ち伏せていたガザミグモ（クモ目カニグモ科）に捕まったギシギシヨトウ。

チョウ目ヤガ科
コモクメヨトウ *Actinotia intermediata*

【形態】 開張32mm前後。前翅は紫色を帯びた薄い褐色。前翅の斑紋は明るい木目状で、中央の腎状紋は外方へ出ている。
【分布】 北海道、本州、四国、九州、沖縄。台地・丘陵帯から低山帯。
【生態】 成虫は5月と7〜9月に現れるが、各地で数はやや少ない。幼虫はオトギリソウ(オトギリソウ科植物)の葉を食べる。
【観察地の生息状況】 健在種。

10月、樹液場に来たコモクメヨトウ。木目模様が美しい。

チョウ目ヤガ科
クロモクメヨトウ *Dypterygia caliginosa*

【形態】 開張42mm前後。前翅は暗い灰黒色で、外縁に沿って黒いすじがある。後翅も暗い。
【分布】 本州、四国、九州。低地帯から低山帯。
【生態】 成虫は5〜9月に出現。庭先の樹液には5月にいち早く現れ、7〜8月に多くなり、9月には数が減る。日没の約30分後に最も早くやって来る。
【観察地の生息状況】 健在種。

材木の木目に似た模様が目立つクロモクメヨトウ。

チョウ目ヤガ科
スジキリヨトウ *Spodoptera depravata*

ガ

糖蜜を吸う雄(触角がくし状)のスジキリヨトウ。

【形態】 開張30mm前後。前翅は薄い灰褐色で、翅脈の白さが目立つ。幼虫は、老熟すると28mm前後の大きさになり、背中にトロッコ道のような模様をもつ。

【分布】 北海道、本州、四国、九州。低地帯から低山帯。

【生態】 成虫は5～9月に出現する普通な種。庭先では成虫も幼虫も見られる。幼虫はシバの害虫。

【観察地の生息状況】 健在種。

スジキリヨトウの幼虫。普段は植物の根際に潜っている。

チョウ目ヤガ科

シロスジアオヨトウ *Trachea atriplicis*

前翅の深緑が美しいシロスジアオヨトウ。

【形態】 開張49㎜前後。前翅は褐色で、濃い緑色の斑紋があり、前翅のなかほどに赤みがかった白い帯がある。

【分布】 北海道、本州、四国、九州。低地帯から低山帯。

【生態】 成虫は6～10月に出現し、数は多い。成虫は、夜間に樹液によく飛来して吸汁する。吸い終わると、近くの葉上で休んで、また吸いに戻る。庭先ではチャオビヨトウやノコメセダカヨトウとともに数が多い。幼虫の食草はギシギシやイヌタデなどのタデ科植物。

【観察地の生息状況】 健在種。

6月下旬から、樹液に集まる個体が多く見られる。前翅の緑色の濃淡はまちまち。

新緑と緑色を競うシロスジアオヨトウ。

暗闇を飛ぶ、シロスジアオヨトウ。前翅の緑色が美しい。

チョウ目ヤガ科
ノコメセダカヨトウ *Orthogonia sera*

吸蜜中のノコメセダカヨトウ。翅の外縁のギザギザが特徴的。木へ着地した直後に翅は半開しているが(右)、やがて緊張がほぐれると閉じる(左)。

【形態】 開張57㎜前後。前翅は黒褐色で中央は幅広く、特に色が濃い。色の濃淡は個体差がある。翅の外縁は、鋸の歯のように切れ込んでいる。

【分布】 北海道、本州、四国、九州。台地・丘陵帯から山地帯。

【生態】 成虫は6〜10月まで現れ、丘陵・里山では6〜8月に多く見られる。庭先の糖蜜にも毎晩飛来し、のんびりと吸蜜している姿が見られる。幼虫はイタドリ、ギシギシなどの葉を食べる。

【観察地の生息状況】 健在種。

活動開始は早く、日没直後から飛んで来る。

「ノコメセダカヨトウの翅の色変わり」

ガ

胸の背面の模様は人の顔にも見える。にこりと笑っていたり、しかめっ面をしていたり、いろいろな表情をしている。

夜間、ユズの新緑で休息中。

全体が毛深く、翅の裏面や腹部が青く神秘的に輝く。

265

チョウ目ヤガ科
ハスモンヨトウ *Spodoptera litura*

ハマオモトの葉上のハスモンヨトウ。

【形態】　開張38㎜前後。前翅の中央に斜めに白褐色の帯があり、後翅は白い。

【分布】　本州、四国、九州、沖縄。低地帯から低山帯。

【生態】　成虫は7〜11月に出現し、暖地に数が多く、夜の明かりにもよく来る。幼虫(体長45㎜前後)は農業害虫で、若齢期は集団で過ごすが次第に分散する。タバコ、ダイズ、サトイモ、ナス、ネギなど多くの畑作物の葉を食べあさる。2010年晩夏には、茨城県で野菜の食害が問題となった。幼虫または蛹で越冬。

【観察地の生息状況】　健在種。

ハナトラノオの葉や花を食べるハスモンヨトウの幼虫。

チョウ目ヤガ科

ニレキリガ *Cosmia affinis*

前翅の間から後翅の黄色をちらっとのぞかせるニレキリガ。

【形態】 開張32mm前後。前翅は赤褐色で、内・外横線は細くて白い。前縁で、外横線がカーブを切ったあたりから翅頂にかけて白色部がある。後翅は黒く、外縁線の外側は黄色い。

【分布】 北海道、本州、四国、九州。低地帯から低山帯。

【生態】 成虫は6月中旬〜10月に見られる。花蜜や樹液を吸い、灯火にもよく集まる普通種で数も多い。幼虫はニレ科植物のハルニレ、アキニレ、オヒョウ、ケヤキ、エノキなどの樹木の葉を食べる。

【観察地の生息状況】 健在種。

吸蜜中のニレキリガ。

チョウ目ヤガ科
チャオビヨトウ *Niphonyx segregata*

吸汁するときも尾先を少し上げている。庭先では中型のガの吸汁がひと通り済んだ後、夜8時頃から飛来し、ゆっくりと吸汁する。

初夏、音もなく飛ぶチャオビヨトウ。

【**形態**】　開張28mm前後。前翅は濃淡を交えた茶色を帯びる。

【**分布**】　北海道、本州、四国、九州。低地帯から低山帯。

【**生態**】　成虫は5～9月に出現。庭先では6～8月に普通に見られる。昼間は雑木林や植栽林、屋敷林などの縁の葉上で静止している。夜間、クヌギやコナラなどの樹液を探しながら活発に飛び回る。幼虫は荒れ地に生える蔓性のカナムグラやカラハナソウ(クワ科植物)の葉を食べる。蛹で越冬。

【**観察地の生息状況**】　健在種。

①翅の色の変化が多いチャオビヨトウ。庭先では6月中旬頃には数が増して、並んで吸蜜する姿が見られる。
②梅雨寒の頃(6月)、枯れたススキに紛れて眠るチャオビヨトウ。
③薄日の差すなか、葉上で尾先を上げて眠る姿を撮影。

チョウ目ヤガ科

ベニモンヨトウ *Oligonyx vulnerata*

濃い青色が目を引くベニモンヨトウ。

和名の「紅紋」が明瞭なベニモンヨトウ(中央)。上はトリバガ科の1種、下はナカムラサキフトメイガ。

【形態】 開張23mm前後。前翅は灰褐色から青みの強いものまでいる。腎状紋の淡色は目を引く。和名のように紅の紋が外横線付近にあるが、紅色が現れないものも多い。

【分布】 北海道、本州、四国、九州。低地帯から台地・丘陵帯。

【生態】 成虫は、低平地では4〜9月に現れる各地に普通な種。庭先では5月に樹液に付くが、数は少ない。幼虫はタデ科植物のミゾソバ、オオイヌタデ(サナエタデ)、ヤナギタデなどの葉を食べる。

【観察地の生息状況】 健在種。

チョウ目ヤガ科
フタテンヒメヨトウ *Hadjina biguttula*

急な雨で木の下の葉上に逃れて雨宿りをするフタテンヒメヨトウ。

- 【形態】 開張30㎜前後。前翅は赤褐色で、ほぼ中央の環状紋、腎状紋は白い点が明瞭。
- 【分布】 北海道、本州、四国、九州。低地帯から低山帯。
- 【生態】 成虫は5～8月に出現する。庭先では6月中旬～8月上旬に樹液を吸いに来るが、数は少ない。幼虫は夜間活動し、キク科植物のアメリカセンダングサ、シロバナセンダングサ（両種とも北米原産の外来種）、タウコギの葉を食べる。蛹で越冬。
- 【観察地の生息状況】 健在種。

前翅の白い紋が目立つフタテンヒメヨトウ。

チョウ目ヤガ科

カブラヤガ *Agrotis segetum*

【形態】 開張41mm前後。翅は淡い灰褐色。前翅の中央に2対の円紋がある。

【分布】 北海道、本州、四国、九州。低地帯から低山帯。

【生態】 成虫は4〜11月に出現し、夜間に樹液を吸汁に飛来する。幼虫は根切虫と呼ばれ、アブラナ、ナス、ニンジン、タマネギ、トウモロコシなどの野菜害虫として有名。昼間は土中に潜り、夜間に根際を食べて枯死させる。幼虫は高湿度の土壌を好むといわれている。

【観察地の生息状況】 健在種。

羽化したての新鮮な成虫。幼虫は野菜やタバコの害虫として農家の嫌われ者。

チョウ目ヤガ科

コキマエヤガ *Albocosta triangularis*

【形態】 開張43mm前後。前翅は黒褐色で、前縁は淡い黄褐色を帯び、付け根近くに真っ黒な三角形の斑紋がある。後翅は暗い。

【分布】 北海道、本州、四国、九州。台地・丘陵帯から亜高山帯。

【生態】 亜高山帯では6〜8月に普通に現れるが、里山、浅い山では10月半ばに現れる。糖蜜に付く数は少ない。

【観察地の生息状況】 健在種。

鱗粉が光に反射して美しいコキマエヤガ。

チョウ目ヤガ科

クロクモヤガ *Hermonassa cecilia*

【形態】 開張39mm前後。前翅は黒褐色で、各紋は淡い褐色で縁取られて明瞭。後翅も暗い。
【分布】 北海道、本州、四国、九州。低地帯から低山帯。
【生態】 成虫は5〜10月に現れるが、秋は数が少ない。幼虫はタデ科植物のギシギシやイタドリ、キク科植物のハルジオンなどの葉を食べる。幼虫で越冬。
【観察地の生息状況】 健在種。

樹液を吸いに来たクロクモヤガ。

チョウ目ヤガ科

シロモンヤガ *Xestia c-nigrum*

【形態】 開張42mm前後。前翅は灰色がかった褐色で、前縁中央に黄白の三角形の紋がある。
【分布】 北海道、本州、四国、九州。低地帯から低山帯。
【生態】 成虫は5〜10月に出現。庭先では9月頃に樹液を吸いに来るが、あまり見られない。幼虫は根切虫の1種で、多くの野菜害虫として名高い。昼間は地中に隠れ、夜出て野菜の茎の地際をかみ切って枯らす。
【観察地の生息状況】 健在種。

樹液を吸うシロモンヤガ。夜でも白と黒の斑紋が目立つ。

チョウ目ヤガ科
ウスチャヤガ *Xestia dilatata*

11月半ば、葉上で触角を畳んで休眠中のウスチャヤガ。

10月の夜、休息中。紫がかった翅が美しい。

【形態】 開張45mm前後。前翅は紫褐色で、外の横線はきわめて明瞭。

【分布】 本州、四国、九州。低地帯から台地・丘陵帯。

【生態】 成虫は10〜11月に年1回出現し、夜間は活発に飛び回って花に付く。栽培ギクに飛来するが数はあまり多くない。昼間は低い草木の葉裏に隠れているが、11月中旬になると葉上でも見られる。幼虫はヨモギ、イタドリ、カラスノエンドウなどの葉を食べる。幼虫で越冬。

【観察地の生息状況】 健在種。

【都道府県別RDB】 準絶滅危惧種(宮城)。

参考文献

1) 池田清彦(監)(2006)『外来生物事典』東京書籍。
2) 石弘之、柏原精一(1986)『自然界の密航者』朝日新聞社。
3) 井手秀信(1974)『愛媛の蝶』愛媛新聞社。
4) 井上寛、岡野磨瑳郎、白水隆、杉繁郎、山本英穂(1991)『原色昆虫大図鑑Ⅰ(蝶・蛾編)』北隆館。
5) 猪又敏男(2010)アカボシゴマダラの変異、「月刊むし」アカボシゴマダラ特集号、475号、P7〜14、むし社。
6) 猪又敏男、松本克臣(1995)『蝶』山と渓谷社。
7) 岩瀬徹(1998)『野山の樹木観察図鑑』成美堂出版。
8) 岩槻秀明(著)(2006)『街でよく見かける雑草や野草がよーくわかる本』秀和システム。
9) 上野俊一、岡田節人、小原秀雄、河合雅雄、吉良竜夫、日高敏隆(監)(1994)『朝日百科 動物たちの地球3 昆虫』朝日新聞社。
10) 江崎悌三、一色周知、六浦晃、井上寛、岡垣弘、緒方正美、黒子浩(1973)『原色日本蛾類図鑑(上)』保育社。
11) 江崎悌三、一色周知、六浦晃、井上寛、岡垣弘、緒方正美、黒子浩(1971)『原色日本蛾類図鑑(下)』保育社。
12) 近江源太郎(監)、ネイチャー・プロ編集室(2000)『色の名前』角川書店。
13) 大泉明雄、菅藤宏昭、斉藤修司、矢内靖史、群司正文、久保隆、三田村敏正(2005)『ふくしまの生き物たち』福島民友新聞社。
14) 大野雑草子(編)(1994)『俳句用語用例小事典⑦』博友社。
15) 大野正男(2003)『虫たちの小さな謎』自然誌文庫。
16) 桐谷圭治(1986)『日本の昆虫 侵略と攪乱の生態学』東海大学出版会。
17) 釧路昆虫同好会編(1999)『道東の昆虫』釧路市。
18) 栗原守久、鈴木幸一、佐竹邦彦(1989)『岩手の昆虫百科』岩手日報社出版部。
19) 黒沢良彦、渡辺泰明、栗林慧(2006)『甲虫』山と渓谷社。
20) 小檜山賢二、高瀬武徳、藤岡知夫(1972)『続日本の蝶』山と渓谷社。
21) 小山長雄(監)、信州昆虫学会(解)、行田哲夫、堀勝彦(写)(1979)『長野県昆虫図鑑 上・下』信濃毎日新聞社。
22) 埼玉昆虫談話会(編)(1984)『埼玉蝶の世界』埼玉新聞社。
23) 埼玉県動物誌編集委員会(1978)『埼玉県動物誌』埼玉県教育委員会。
24) 斉藤修、城田義友(2010)千葉県で採集されたクロメンガタスズメの高い雌比、「月刊むし」アカボシゴマダラ特集号、475号、P35〜37、むし社。
25) 白水隆、黒子浩(1966)『標準原色図鑑全集 蝶・蛾』保育社。
26) 鈴木知之(2009)『日本のカミキリムシハンドブック』文一総合出版。
27) 多紀保彦(監)、㈶自然環境研究センター(2008)『日本の外来生物』平凡社。
28) 田下昌志、丸山潔、福本匡志、小野寺宏文(2009)『見つけよう信州の昆虫たち』信濃毎日新聞社。
29) 多田多恵子(監)、日本放送出版協会(編)、平野隆久(写)(2009)『里山の植物ハンドブック―身近な野草と樹木』日本放送出版協会。
30) 田中誠二、檜垣守男、小滝豊美(2004)『休眠の昆虫学』東海大学出版会。

31) 東條操(1954)『標準語引 分類方言辞典』東京堂。
32) 友国雅章(監)、安永智秀、高井幹夫、山下泉、川村満、川澤哲夫(2004)『日本原色カメムシ図鑑 陸生カメムシ類』全国農村教育協会。
33) 中根猛彦、青木淳一、石川良輔(1966)『標準原色図鑑全集 昆虫』保育社。
34) 西多摩昆虫同好会(編)(1991)『東京都の蝶』けやき出版。
35) 日本生態学会(編)(2002)『外来種ハンドブック』地人書館。
36) 日本林業技術協会(編)(1997)『森の虫の100不思議』東京書籍。
37) 日本林業技術協会(編)(2000)『里山を考える101のヒント』東京書籍。
38) 沼田真(編)(1979)『雑草の科学』研成社。
39) 林弥栄、畔上能力、菱山忠三郎(1985)『日本の樹木』山と渓谷社。
40) 福田晴夫、中峯芳郎(2010)奄美諸島産アカボシゴマダラの近況、「月刊むし」アカボシゴマダラ特集号、475号、P2～6、むし社。
41) 福田晴夫、山下秋厚、福田輝彦、江平憲治、二町一成、大坪修一、中峯浩司、塚田拓(2009)『昆虫の図鑑 採集と標本の作り方』南方新社。
42) 藤岡知夫、大屋厚夫(1977)『蝶』山と渓谷社。
43) 布施英明(1972)『群馬の蝶』煥乎堂。
44) 古川晴男(編・著)、長谷川仁(編・著)、奥谷禎一(編・著)、矢島稔(著)、須田孫七(著)、北野日出男(著)(1965)『原色昆虫百科図鑑』集英社。
45) 北大昆虫研究会(1975)『北海道の高山蝶』北海道新聞社。
46) 牧林功(1985)『雑木林の小さな仲間たち』埼玉新聞社。
47) 松井安俊(2010)ゴマダラチョウへの脅威 放蝶アカボシゴマダラ問題を憂慮する、「月刊むし」アカボシゴマダラ特集号、475号、P17～21、むし社。
48) 松本嘉幸(2008)『アブラムシ入門図鑑』全国農村教育協会。
49) 矢島稔、佐藤有恒(1984)『フィールド図鑑 昆虫』東海大学出版会。
50) 安田守、沢田佳久(2009)『オトシブミハンドブック』文一総合出版。
51) 安永智秀(編・著)、高井幹夫(編・著)、川澤哲夫(編)、中谷至伸(著)(2001)『日本原色カメムシ図鑑 陸生カメムシ類 第2巻』全国農村教育協会。
52) ロバート・グッドン、高倉忠博(訳)(1973)『世界の蝶類』主婦と生活社。

【参考ホームページ】

1) 猪又敏男、植村好延、矢後勝也、神保宇嗣、上田恭一郎(2010-2012)日本産蝶類和名学名便覧、http://binran.lepimages.jp/
2) かたつむりの自然観撮記～ちばの昆虫たち～、http://www5f.biglobe.ne.jp/~escargot/index.htm
3) 静岡県野生生物目録、http://www.pref.shizuoka.jp/kankyou/ka-070/wild/mokuroku.html
4) 神保宇嗣(2004-2008)日本産蛾類総目録、http://listmj.mothprog.com/
5) 森林総研 竹筒ハチ図鑑、http://www.ffpri.affrc.go.jp/labs/seibut/bamboohymeno/index-j.htm
6) 塚田森生 グンバイムシ写真集、http://www.bio.mie-u.ac.jp/~tsukada/Tingid/tingidae.html
7) 日本産昆虫学名和名辞書(DJI)、http://konchudb.agr.agr.kyushu-u.ac.jp/dji/index-j.html
8) 日本のレッドデータ検索システム、http://www.jpnrdb.com/
9) ハナアブの世界、http://homepage2.nifty.com/syrphidae

用語解説

【あ行】

○亜社会性行動

母虫(雌成虫)が産卵後、卵塊を外敵から守り、卵が孵化した後も餌を運んで与えるなど子育てをする行動。日本では、子(若齢幼虫)を保護するカメムシ類16種(ミツボシツチカメムシ、ヒメツノカメムシ、ベニツチカメムシなど)が知られている。➡第2巻に収録

○亜種

種の下に設けられた分類上の小区分の1つ。同種であっても、地域や環境によって形態、色彩、斑紋など、違いのある集団ごとに細分したもの。

○エライオソーム

オレイン酸、グルタミン酸、しょ糖からなる化学物質で、野草のヒメオドリコソウ、オドリコソウ、カタクリ、ホトケノザなどの種子に付着しているぬるぬるしたもの。ミツボシツチカメムシの母虫は、若齢幼虫の餌にヒメオドリコソウの種子を運んで来る。アリも嗜好し、食べられた後の種子は巣外に散布される。➡第2巻に収録

○お花畑

夏、高山帯の高木限界付近で、高山植物がいっせいに開花している群落のこと。
➡第2巻に収録

【か行】

○外来生物法

「特定外来生物による生態系等に係る被害の防止に関する法律」の略称。外来種が地域の生態系を破壊するのを防ぐため2004年5月に成立、2005年に施行された。環境省は生態系に被害を与えたり、その恐れのある動植物を特定外来生物に指定し、飼育や栽培、保管、輸入を禁止し、国や自治体は駆除に努める。学術研究、動植物園などでの展示・教育を目的とした飼養に関しては環境省への届出が義務付けられており、許可を得る必要がある。昆虫類ではセイヨウオオマルハナバチ、ヒアリ、アカカミアリ、アルゼンチンアリ、コカミアリ、テナガコガネ亜科3属全種(沖縄本島北部産のヤンバルテナガコガネを除く)などが特定外来生物に指定されている。

○ 希少種

どの生息地においても個体数が少なく、あまり見られない種。↔普通種。

○ 寄生

A種の生物(寄生者)がB種(宿主＝ホスト)の生物の栄養分を吸収して成長することをいう。以下に寄生昆虫とホスト(カッコ内)の例を示す。例：カマキリタマゴカツオブシムシ(カマキリの卵)、ドロバチヤドリニクバエ(キゴシジガバチの巣房)など。

○ 季節型

季節によって色や斑紋、翅形、サイズに大きな違いが現れる。その場合には季節の名を取って春型、夏型、秋型と呼ぶ。春型と夏型との違いの顕著な例はキアゲハ、ベニシジミ、キタキチョウ、サカハチチョウ、オスグロトモエなど。

○ 擬態

周囲の環境や他の生物の形や色彩に似せて、外敵から身を隠す行動をとること。擬態のモデルと擬態種の例として、ミツバチとハナアブ、スズメバチやアシナガバチなどとトラカミキリ類などがある。また、クロコノマチョウが翅を立てて休むときなど、側面の色が周囲に溶け込むことを隠れ擬態という。

○ 近縁種

生物の分類上、近い関係にある種類。類似種とほぼ同義で用いられる。

【さ行】

○ 雑草

雑草とは「望ましくない場所に生える野草(Concise O.E.D)」としているが、身近な雑草は広い意味の野草である。一般には作物栽培の耕地にひとりでに生える作物以外の植物が雑草で、その周辺部に生えるのが人里植物である。この作物、雑草、人里植物を除いた残りが山野などに自然に生える野草である。先の昭和天皇は「雑草という草はない」という名言を残されている。

○社会性昆虫

社会生活(集団生活)において生殖や採餌、防衛などの仕事に各個体で分業(階級)が見られる昆虫。ミツバチ、スズメバチ、アシナガバチ、マルハナバチ、シロアリ、アリなどの社会。➡第2巻に収録

○樹液

生木の幹などから分泌する液。クヌギ、コナラ、ヤナギなどの樹皮がはがれたり、ひびや裂け目ができたりすると、そこから木のなかの養分となる液がにじみ出て、気温の上昇とともに糖分が醸される(アルコール発酵:最終的にエチルアルコールとCO_2に分解する)。従来、樹液場をつくるのはカミキリムシなどのコウチュウ類といわれてきたが、チョウ目ボクトウガ類の幼虫もその役割を果たしている。ボクトウガの幼虫は材部を食べながらトンネルをつくるとともに、樹液に集まる小昆虫も食べている。

○準絶滅危惧種

環境省のレッドデータブック(RDB)におけるレッドリストの評価ランク分けの1つ。現時点では絶滅危険度は低いが、生息条件の変化によっては「絶滅危惧」に移行する可能性がある種。

○食草

幼虫が食べる植物。それぞれの種によって草木は決まっていて、樹木の場合は食樹と呼ぶ。多種の植物から数種に限るもの、ただ1種の植物を食べるものなどがある。

○水生昆虫

一生または一時期を川や池、湖沼で生活する昆虫。➡第2巻に収録

○生態系

エコシステムのこと。ある地域に生息する生物群集とそれを取り巻く無機的環境とがひとまとまりとなった物質とエネルギーの流れの循環システム。

○生態分布

生物を取り巻く環境によって支配されている生物分布のこと。土地の海抜や水深との関係から見た垂直分布と、地上の水平方向への広がりとして見た水平分布とがある。

○ **性斑・性標**

雄のチョウの前翅に見られるもので、黒い発香鱗、長い毛の束からなる微かな匂いを放つ斑紋、斑点。カラスアゲハ、チャバネセセリ、キマダラセセリ、ヒメキマダラセセリ、メスグロヒョウモン、ミドリヒョウモン、クモガタヒョウモンなどで見られ、性別判断の指標になる。

○ **絶滅危惧種**

環境省のRDBにおけるレッドリストの評価ランク分けの1つ。個体群や生息地の減少などにより、やがて絶滅すると推定される生物種。分類群によっては、絶滅危惧IA類(ごく近い将来における野生での絶滅の危険性がきわめて高い種)、絶滅危惧IB類(IA類ほどではないが、近い将来における絶滅の危険性が高い種)、絶滅危惧Ⅱ類(絶滅の危険が増大している種)に細分される。

【た行】

○ **単為生殖**

配偶子(卵)が受精せずに単独で発生し、新個体をつくる生殖法をいう。ミツバチ、アブラムシ、ミジンコなど。➡第2巻に収録

○ **地球温暖化**

平均気温が地球規模で上昇すること。原因は温室効果をもたらす二酸化炭素(CO_2)、メタン(CH_4)、フロンガス類、水蒸気(H_2O)、亜酸化窒素(N_2O)などの気体の放出、森林破壊、過放牧による砂漠化など。進行すると、生態系への影響を及ぼす。

○ **虫えい**

虫こぶ、ゴールともいう。昆虫やダニが植物の葉や茎、幹に産卵すると、そこの組織だけが異常に膨らんでできる。中身になる昆虫はアブラムシ、モモブトスカシバ、ヒメアトスカシバなどがある。

○ **蝶道**

チョウの仲間には一定のルートを方向性をもって飛ぶ習性がある。このコースのことを「蝶道」と呼ぶ。モンキアゲハ、オナガアゲハ、ミヤマカラスアゲハ、カラスアゲハなど黒っぽいアゲハチョウの雄に多い。

○糖蜜(とうみつ)

本書では、主に夜に活動する昆虫を呼ぶために手づくりした蜜のことをいう。葉に付けたときは、すす病菌を防ぐために翌朝水で洗い落とす必要がある。

【は行】

○ハチ毒アレルギー

主に人里に多いスズメバチ、アシナガバチ、ミツバチに刺されたときにハチ毒が体内に入って起こるアレルギー反応のこと。ときにはアナフィラキシーショック(anaphylaxis shock)による死亡例もある。➡第2巻に収録

○変態(へんたい)

ほとんどの昆虫に見られる成長段階の形態の変化をいう。一生に4つの成長段階(卵→幼虫→蛹→成虫)を経るなら、その昆虫は完全変態の体制を備えていることになる。チョウ、ガ、コウチュウ、ハチ、ハエ、シリアゲムシ、ヘビトンボ、ツノトンボ、トビケラなどで見られる。卵が孵化しても幼虫の形態が成虫に似ている場合や、幼虫が蛹という段階を経ない場合には、その昆虫は不完全変態といい、カメムシ、セミ、アブラムシ、トンボ、カワゲラ、ゴキブリ、カマキリ、バッタなどで見られる。他に無翅の原始的なシミ、トビムシ、コムシなどで、体の大きさ以外はあまり変化がないまま幼虫から成虫になるものを無変態という。

○放蝶(ほうちょう)

卵または幼虫から育て、羽化させたチョウを意図的に野外に放すこと。外国由来の種を放す例もあり、生態系、生物多様性などに好ましくない影響があるうえ、それによって引き起こされる外来生物問題は計り知れないものがある。また、アサギマダラのように、生態調査のために捕らえた成虫に目印などをつけて放つ例もある。

○ホバリング

空中の一点に浮かんだまま止まることができる飛翔。停空飛翔のこと。キムネクマバチ、ビロウドツリアブ、ベニスズメ、コスズメ、ブドウスズメ、オオスカシバなどに見られる。

【ま行】

○群れ(む)

多数の同一種が集まって、一定の結びつきを保ちながら採食したり移動する集団。例：アブラムシの群れ。

【や行】

○要注意外来生物(ようちゅういがいらいせいぶつ)

生態系に悪影響を及ぼしうる外来生物で、環境省により選定されている。現時点では外来生物法の規制対象ではないが、飼育、栽培、販売するにあたって、適切な取り扱い方について理解と協力を求められている種である。昆虫類ではホソオチョウ、アカボシゴマダラ、クワガタムシ科(情報の収集に努めるべき種)、サカイシロテンハナムグリ(沖縄本島ほか石垣島などに定着)、チャイロネッタイスズバチ(小笠原諸島に定着)、ナンヨウチビアシナガバチ(硫黄島で生息が確認)、ツヤオオズアリ(小笠原、南西諸島に定着)などが選定され、計148種の外来生物を「要注意外来生物」としてリストアップしている。

【ら行】

○レッドデータブック

絶滅の恐れがある野生生物のリストやその生態、圧迫要因、保護の現状などをまとめた報告書。国際自然保護連合(IUCN)が1966年に初めて発行した際、表紙に赤い紙が使用されたことからレッドデータブック(RDB)と呼ばれている。日本では環境庁(現・環境省)が1991年に「日本の絶滅のおそれのある野生生物」を発行した。その後に見直しが行われて分類群ごとにレッドリストが作成され、それをもとに改訂版のレッドデータブックが順次発行されている。絶滅への危惧の度合いから8カテゴリー(ランク)に分かれる。日本では環境省、地方自治体などが発行している。

索　引

【あ】

アオスジアゲハ	13
アオバセセリ	88
アカエグリバ	224, 225
アカスジシロコケガ	172
アカズムカデ	133
アカタテハ	42, 43, 47, 98
アカテンクチバ	217
アカボシゴマダラ	61, 63〜66, 69, 79
アカモクメヨトウ	258
アゲハ	7, 8
アゲハチョウ科	8〜19, 136
アゲハモドキ	136
アゲハモドキガ科	136
アケビコノハ	7, 226, 227
アサマイチモンジ	70, 71
アサマキシタバ	187, 188
アシナガバチ類	134
アシブトクチバ	196, 197
亜種(あしゅ)	14, 64, 69, 111, 164, 172
アズチグモ	43, 47, 59, 83, 233
アヤシラフクチバ	220, 221
アヤナミツマキリヨトウ	254
アヤナミノメイガ	104
アリストロチン	14
イチジクキンウワバ	233
イチモンジセセリ	82, 83
イチモンジチョウ	70, 71
イネツトムシ	82
イラガ科	95
羽化(うか)	58, 121
ウスイロオオエダシャク	155
ウスイロキンノメイガ	107
ウスオエダシャク	145
ウスオビヤガ	251
ウスキツバメエダシャク	158
ウスキミスジアツバ	180
ウスチャヤガ	274
ウスヅマアツバ	184
ウスヅマクチバ	219
ウスバミスジエダシャク	152
ウスベニトガリメイガ	102
ウメエダシャク	147
ウラギンシジミ	30
ウラナミシジミ	40, 41
ウラベニエダシャク	157
ウリキンウワバ	234
ウンモンクチバ	203, 204
エゾギクキンウワバ	232
エゾギクトリバ	99
エゾスジグロシロチョウ	28
エビガラスズメ	122
エントツドロバチ	96
オオアカキリバ	223
オオアカマエアツバ	179
オオアヤトガリバ	139
オオアラセイトウ	29, 45
オオイチモンジ	51
オオウスベニトガリメイガ	101, 102
オオウラギンスジヒョウモン	48, 49
オオウンモンクチバ	202
オオケンモン	245
オオゴマダラエダシャク	148
オオシマカラスヨトウ	242, 243
オオシラナミアツバ	179
オオシラホシアツバ	176
オオシロテンクチバ	218
オオシロモンノメイガ	105
オオスカシバ	134
オオタバコガ	250
オオチャバネセセリ	85
オオトビスジエダシャク	155
オオトビモンアツバ	184
オオバトガリバ	140
オオバナミガタエダシャク	151
オオフタオビドロバチ	96

オオベニヘリコケガ	172	キタキチョウ	24, 25
オオミズアオ	112, 113	キタテハ	44, 46, 47, 61, 66
オオムラサキ	60, 61, 64	キチョウ属	24
オキナワカラスアゲハ	19	キマダラコウモリ	90
オスグロトモエ	212, 213, 221	キマダラセセリ	87
オナガアゲハ	18	キムジノメイガ	110
オナガミズアオ	112	キモンクチバ	194, 195
		求愛行動（きゅうあいこうどう）	63, 67
【か】		キンウワバトビコバチ	232
カイコガ科	114	近縁種（きんえんしゅ）	18, 19, 63, 139
害虫（がいちゅう）	40, 82, 108, 219	ギンスジキンウワバ	230
外来生物法（がいらいせいぶつほう）	14	ギンツバメ	137
カギシロスジアオシャク	160, 211	クビグロクチバ	216
カギバアオシャク	159	クビワウスグロホソバ	171
カギバガ科	138〜142	クモガタヒョウモン	50
カキバトモエ	210, 211	クルマスズメ	123
ガザミグモ	259	クロアゲハ	18, 136
下唇鬚（かしんしゅ）	7, 81, 93, 179, 182, 185	クロカナブン	53
カトカラ属	187, 188, 190	クロクモエダシャク	150
カナブン	44, 101	クロクモヤガ	273
カノコガ	174	クロコノマチョウ	76, 77
カノコマルハキバガ	93	クロシタキヨトウ	256
カバマダラ	54	クロシラフクチバ	218
カブラヤガ	272	クロテンハイイロコケガ	173
カマフリンガ	175	クロハネシロヒゲナガ	91
カムフラージュ	142, 206, 244, 249	クロヒカゲ	75
カラスアゲハ	19	クロヘリキノメイガ	106
カラスヨトウ	241, 247	クロメンガタスズメ	118, 120, 121
カンシャワタアブラムシ	31	クロモクメヨトウ	260
キアゲハ	12	クロモンシタバ	192, 193
キアシナガバチ	11	クロモンフトメイガ	103
キオビベニヒメシャク	166	クワコ	114, 115
キクキンウワバ	231	クワゴ	114
キクセダカモクメ	239	警戒色（けいかいしょく）	249
ギシギシヨトウ	259	ケンモンミドリキリガ	240
キシタバ	190, 191	ゴイシシジミ	31
希少種（きしょうしゅ）	48, 93, 98, 114, 117, 137, 187, 197	コウゾハマキモドキ	97
寄生（きせい）	11, 23, 31, 44, 59, 232, 243	コウチスズメ	117
季節型（きせつがた）	33, 35, 69, 77, 212	コウモリガ科	90
擬態（ぎたい）	54, 68, 96, 136, 154, 226, 240	コオニヤンマ	11
		ゴール	96, 97

コキマエヤガ	272
コスズメ	130, 131
コノマチョウ	76
コブガ科	175
コフサヤガ	187
ゴマケンモン	240, 244
ゴマダラチョウ	61〜64
コミスジ	72
コモクメヨトウ	260
コロニー	31

【さ】

サクラケムシ	168
ササコナフキツノアブラムシ	31
雑草(ざっそう)	46, 52, 108, 158, 164, 170, 185, 233
サトキマダラヒカゲ	53, 78, 79
産卵(さんらん)	11, 56, 67
シジミチョウ科	30〜41
シタクモエダシャク	153
シマケンモン	248
シャクガ科	142〜166
ジャコウアゲハ	14, 15, 136
シャチホコガ科	168
ジャノメチョウ	74, 76, 176
シャンハイオエダシャク	146
臭角(しゅうかく)	10, 12
樹液(じゅえき)	30, 79, 129, 145, 173
準絶滅危惧種(じゅんぜつめつきぐしゅ)	14, 60, 187, 274
食草(しょくそう)	12, 29, 89, 234
シラクモアツバ	185
シラナミクロアツバ	175
シロオビアオシャク	161
シロシタヨトウ	255
シロスジアオヨトウ	262, 263
シロスジアツバ	178
シロスジツトガ	103
シロスジツマキリヨトウ	252
シロチョウ科	20〜29
シロハラケンモン	246
シロフアオシャク	162
シロミャクオエダシャク	142
シロモンノメイガ	105
シロモンヤガ	273
吸い戻し行動(すいもどしこうどう)	83, 86
スカシコケガ	163, 170
スカシバガ科	96, 97
スジキリヨトウ	261
スジグロシロチョウ	20, 28, 29
スジシロキヨトウ	256
スジモンヒトリ	174
スズメガ科	116〜135
スミナガシ	53
性斑(せいはん)	18
性標(せいひょう)	19, 50〜52
セスジスズメ	132, 133
セセリチョウ科	82〜89
占有行動(せんゆうこうどう)	34, 59, 65, 75, 86
前蛹(ぜんよう)	57

【た】

ダイミョウセセリ	89
タイワンキシタアツバ	182, 183
タイワンモンキノメイガ	109
タテハサムライコマユバチ	44
タテハチョウ科	42〜81
タバコガ	251
タマナギンウワバ	231
地球温暖化(ちきゅうおんだんか)	16, 17, 54, 119, 192, 201, 207
チャオビヨトウ	245, 262, 268, 269
チャバネセセリ	84
虫えい(ちゅうえい)	96, 97
蝶道(ちょうどう)	16, 18, 19
ツキワクチバ	207
ツトガ科	103〜110
ツバメガ科	137
ツバメシジミ	37〜39
ツマキチョウ	20, 21
ツマグロヒョウモン	54
ツマジロエダシャク	145

テリトリー	12, 60, 86, 238
テングチョウ	64, 81, 185
テングチョウ科	81
糖蜜（とうみつ）	101, 142, 170, 248
ドクガ科	167
トビイロトラガ	236～238
トビモンアツバ	181
トラフシジミ	33
トリバガ科	99, 270
ドロバチ類	96

【な】

ナカキエダシャク	156
ナカグロクチバ	200, 201
ナガコガネグモ	23
ナガサキアゲハ	16
ナカジロシタバ	219
ナカムラサキフトメイガ	102, 270
ナシイラガ	95
ナシケンモン	247
ナミアゲハ	8
ナミガタウスキアオシャク	162
ナミガタエダシャク	151
ナミヒカゲ	80
ナンカイカラスヨトウ	242
肉角（にくかく）	10, 12
ニセウンモンクチバ	204
ニレキリガ	267
ノコメセダカヨトウ	262, 264, 265

【は】

ハガタベニコケガ	173
ハグルマトモエ	214
ハスモンヨトウ	266
バナナセセリ	88
ハマキガ科	98
ハマキモドキ科	97
ハマクリムシ	82
ハラビロカマキリ	27
ヒオドシチョウ	45, 64
ヒカゲチョウ	80

ヒゲナガガ科	91, 92
尾状突起（びじょうとっき）	7, 12, 16, 38, 112, 136, 158
ヒトスジマダラエダシャク	143
ヒトリガ科	170～174
ヒメアカタテハ	42
ヒメアトスカシバ	96
ヒメウラナミジャノメ	73
ヒメキマダラセセリ	86
ヒメクビグロクチバ	217
ヒメクルマコヤガ	235
ヒメクロホウジャク	126
ヒメジャノメ	75
ヒメスズメバチ	30
ヒメツマキリヨトウ	253
ヒメネジロコヤガ	235
ヒョウモンエダシャク	149
ヒョウモンチョウ	48, 50, 52, 54
ビロードハマキ	98
フクラスズメ	208, 209
フサキバアツバ	177
フサクビヨトウ	256
フジロアツバ	175, 178
フタオビキヨトウ	257
フタスジシマメイガ	101
フタスジスカシバ	96
フタスジツヅリガ	100
フタテンアツバ	186
フタテンヒメヨトウ	271
フタトガリコヤガ	248, 249
フタトビスジナミシャク	166
フタナミトビヒメシャク	164
普通種（ふつうしゅ）	12, 52, 94, 219
ブドウスズメ	124
ブドウトリバ	99
フナガタケムシ	168
分布変化（ぶんぷへんか）	69, 77, 193
ベニシジミ	34, 35, 37
ベニスジヒメシャク	164
ベニスズメ	128, 129
ベニモンヨトウ	270

ヘリグロヒメアオシャク	163
放蝶（ほうちょう）	69
保護色（ほごしょく）	226, 249
ホシヒメホウジャク	125
ホシホウジャク	127
ホソオチョウ	14
ホソオビアシブトクチバ	198, 199
ホソオビヒゲナガ	92
ホソトガリバ	7, 141
ホソナミアツバ	177
ホタルガ	94
ホバリング	123, 125～127, 129

【ま】

マエキオエダシャク	144
マエキカギバ	142
マエキヒメシャク	165
マダラエグリバ	228
マダラガ科	94
マドガ	100
マドガ科	100
マメノメイガ	108
マユミトガリバ	141
マルハキバガ科	93
ミスジチョウ類	72
ミツモンキンウワバ	232
ミドリケンモン	240
ミドリヒョウモン	52
ミヤマカラスアゲハ	19
ムクゲコノハ	206, 210, 227
虫こぶ（むしこぶ）	96, 97
ムラサキアシブトクチバ	197
ムラサキシジミ	32
ムラサキツマキリアツバ	222
ムラサキツマキリヨトウ	254
群れ（むれ）	52, 70, 81, 101
メイガ科	100～102
メスグロヒョウモン	51
モモスズメ	116
モモノゴマダラノメイガ	106
モモブトスカシバ	97
モンキアゲハ	17
モンキクロノメイガ	109
モンキチョウ	26, 27
モンクロアツバ	181
モンクロシャチホコ	168, 169
モンシロチョウ	20, 22, 23, 28
モンスカシキノメイガ	110
モントガリバ	138
モンムラサキクチバ	205

【や】

ヤエヤマカラスアゲハ	19
ヤガ科	175～274
ヤマガタアツバ	185
ヤマジョウ	14
ヤマトクサカゲロウ	11
ヤマトシジミ	36, 37
ヤマトシリアゲ	59
ヤママユ	111
ヤママユガ科	111～113
ユミガタマダラウワバ	229
蛹化（ようか）	58, 68, 72, 119
要注意外来生物（ようちゅういがいらいせいぶつ）	14
ヨスジノメイガ	104
ヨツボシホソバ	170
ヨモギエダシャク	154

【ら】

リンゴケンモン	246
リンゴツマキリアツバ	222
リンゴドクガ	167
ルリシジミ	37
ルリタテハ	44
レッドデータブック	4

【わ】

ワイギンモンウワバ	229
ワタノメイガ	107
ワモンキシタバ	188, 189

【A】

Abraxas latifasciata	143
Abrostola abrostolina	229
Acherontia lachesis	118
Acosmeryx castanea	124
Acronicta major	245
Acropteris iphiata	137
Actias artemis	112
Actinotia intermediata	260
Adrapsa notigera	178
Adrapsa simplex	175
Aedia leucomelas	219
Agnidra scabiosa	142
Agrius convolvuli	122
Agrotis segetum	272
Albocosta triangularis	272
Amata fortunei	174
Ampelophaga rubiginosa	123
Amphipyra livida	241
Amphipyra monolitha	242
Amraica superans	155
Anadevidia peponis	234
Antheraea yamamai	111
Anthocharis scolymus	20
Apamea aquila	258
Apocleora rimosa	150
Arcte coerula	208
Argynnis paphia	52
Argyreus hyperbius	54
Argyronome ruslana	48
Arhopala japonica	32
Arichanna gaschkevitchii	149
Artena dotata	207
Ascotis selenaria	154
Atrachea nitens	259
Atrophaneura alcinous	14
Autographa nigrisigna	231

【B】

Barsine aberrans	173
Bastilla maturata	197
Bertula spacoalis	178
Bocchoris inspersalis	105
Bombyx mandarina	114
Bomolocha perspicua	184
Bomolocha stygiana	185
Bomolocha zilla	185

【C】

Calliteara pseudabietis	167
Callopistria albolineola	252
Callopistria duplicans	253
Callopistria juventina	254
Callopistria placodoides	254
Catocala fulminea	188
Catocala patala	190
Catocala streckeri	187
Celastrina argiolus	37
Cephonodes hylas	134
Cerace xanthocosma	98
Chabula telphusalis	105
Chiasmia hebesata	145
Choaspes benjaminii	88
Choreutis hyligenes	97
Chrysodeixis eriosoma	233
Colias erate	26
Conogethes punctiferalis	106
Cosmia affinis	267
Crambus argyrophorus	103
Craniophora fasciata	248
Ctenoplusia agnata	232
Ctenoplusia albostriata	232
Cucullia kurilullia	239
Curetis acuta	30
Cyana hamata	172
Cystidia couaggaria	147

【D】

Daimio tethys	89
Damora sagana	51
Daseochaeta viridis	240

Deilephila elpenor	128
Dichorragia nesimachus	53
Dinumma deponens	219
Dypterygia caliginosa	260
Dysgonia stuposa	196

【E】

Ectropis excellens	155
Edessena hamada	176
Endoclita sinensis	90
Endotricha icelusalis	101
Endotricha olivacealis	102
Epicopeia hainesii	136
Ercheia umbrosa	205
Erygia apicalis	217
Erythroplusia rutilifrons	230
Eucyclodes diffictus	162
Eudocima tyrannus	226
Eugoa grisea	173
Eulophopalpia pauperalis	100
Eurema mandarina	24
Eurrhyparodes accessalis	104
Eutelia adulatricoides	187
Everes argiades	38

【G】

Geometra dieckmanni	160
Geometra sponsaria	161
Goniorhynchus butyrosus	106
Grammodes geometrica	200
Graphium sarpedon	13

【H】

Habrosyne fraterna	139
Hadjina biguttula	271
Haritalodes derogata	107
Helicoverpa armigera	250
Helicoverpa assulta	251
Hemithea tritonaria	163
Herminia arenosa	180
Hermonassa cecilia	273

Herpetogramma luctuosale	109
Hestina assimilis	64
Hestina assimilis shirakii	69
Hestina persimilis	62
Heterarmia charon	151
Heterolocha aristonaria	157
Hipoepa fractalis	179
Hypena indicatalis	181
Hypena occata	184
Hypena trigonalis	182
Hypersypnoides submarginata	218
Hypomecis lunifera	151
Hypomecis punctinalis	152
Hypopyra vespertilio	210

【I】

Idaea impexa	166

【J】

Jodis lactearia	162

【K】

Kaniska canace	44
Krananda latimarginaria	145

【L】

Lampides boeticus	40
Lethe diana	75
Lethe sicelis	80
Libythea lepita	81
Limenitis camilla	70
Limenitis glorifica	71
Lista ficki	102
Lithosia quadra	170
Lycaena phlaeas	34
Lygephila maxima	216
Lygephila recta	217

【M】

Macaria shanghaisaria	146
Macrobrochis staudingeri	171

Macrochthonia fervens	175
Macroglossum bombylans	126
Macroglossum pyrrhosticta	127
Macroscelesia japona	97
Maliattha signifera	235
Maruca vitrata	108
Marumba gaschkewitschii	116
Melanaema venata	172
Melanitis phedima	76
Microcalicha sordida	153
Minois dryas	74
Mocis ancilla	204
Mocis annetta	203
Mocis undata	202
Moma alpium	244
Mosopia sordida	177
Mycalesis gotama	75
Mythimna placida	256
Mythimna striata	256
Mythimna turca	257

【N】

Narosoideus flavidorsalis	95
Nemophora albiantennella	91
Nemophora aurifera	92
Neogurelca himachala	125
Neope goschkevitschii	78
Neoploca arctipennis	141
Nephargynnis anadyomene	50
Neptis sappho	72
Niphonyx segregata	268
Nippoptilia vitis	99
Nokona pernix	96
Nudaria ranruna	170
Nymphalis xanthomelas	45

【O】

Ochlodes ochraceus	86
Oligonyx vulnerata	270
Ophisma gravata	194
Ophiusa tirhaca	192
Oraesia excavata	224
Orthaga euadrusalis	103
Orthogonia sera	264
Orthopygia glaucinalis	101
Oruza divisa	235
Ourapteryx nivea	158

【P】

Pagyda quadrilineata	104
Pangrapta curtalis	222
Pangrapta obscurata	222
Papilio dehaanii	19
Papilio helenus	17
Papilio machaon	12
Papilio memnon	16
Papilio protenor	18
Papilio xuthus	8
Parallelia arctotaenia	198
Parapercnia giraffata	148
Parnara guttata	82
Pelopidas mathias	84
Phalera flavescens	168
Pidorus atratus	94
Pieris melete	28
Pieris rapae	22
Plagodis dolabraria	156
Plataplecta pulverosa	246
Platyptilia farfarella	99
Plesiomorpha flaviceps	144
Pleuroptya punctimarginalis	107
Plusiodonta casta	228
Polygonia c-aureum	46
Polytremis pellucida	85
Potanthus flavus	87
Prodasycnemis inornata	110
Pseudebulea fentoni	110
Pseudozizeeria maha	36
Pylargosceles steganioides	164
Pyrrhia bifasciata	251

【R】

Rapala arata	33
Rhynchobapta eburnivena	142
Rivula inconspicua	186
Rusicada privata	223

【S】

Sarbanissa subflava	236
Sarcopolia illoba	255
Sasakia charonda	60
Schiffermuelleria zelleri	93
Sclerogenia jessica	229
Scopula nigropunctata	165
Sideridis honeyi	256
Simplicia niphona	179
Smerinthus tokyonis	117
Spilarctia seriatopunctata	174
Spirama helicina	214
Spirama retorta	212
Spodoptera depravata	261
Spodoptera litura	266
Syllepte taiwanalis	109
Sypnoides fumosus	218
Sypnoides hercules	220

【T】

Tanaorhinus reciprocatus	159
Taraka hamada	31
Tethea ampliata	140
Tethea octogesima	141
Theretra japonica	130
Theretra oldenlandiae	132
Thyas juno	206
Thyatira batis	138
Thyris usitata	100
Thysanoplusia intermixta	231
Timandra recompta	164
Trachea atriplicis	262
Triaena intermedia	246

【V】

Vanessa cardui	42
Vanessa indica	43
Viminia rumicis	247

【X】

Xanthodes transversa	248
Xanthorhoe hortensiaria	166
Xestia c-nigrum	273
Xestia dilatata	274

【Y】

Ypthima argus	73

おわりに

　野面にいる昆虫たちは健気に生きている。著者らは、日々庭先と路傍を行ったり来たりしながら、鵜の目鷹の目で昆虫を探し続けた。

　観察を始めた当初は、「写真撮影が先！」とばかりに、虫を見つけるととっさにカメラを向けていたが、なかなかうまくいかなかった。いざ撮影しようとすると風が急に吹いて1本の草が目の前へぬうっと立ちはだかったり、見たことのない虫に感情の高まりを抑えきれず慌ててカメラを構え、シャッターを押すときにはすでに虫の姿がなかったりすることもしばしば。目が合うとたちまち姿を消す虫や、顔にぶつかってきて臭いを発する虫もいる。撮影時はいつも虫に翻弄されていた。

　しかし、長く付き合うと虫の性格も分かってくる。次の動きを想定しながらカメラを向ける余裕も生まれた。著者が庭に出ると、決まってどこからともなく飛んで来る虫も現れ、「もしかしたら虫も人に慣れるのではないか？」と思うほどになっていた。「虫は虫を愛する人を裏切らない」と、今でも信じている。

　夜間の撮影では庭の地面や樹液、草木を探す。無風の夏の蒸し暑い夜には珍種が飛んで来たり、可愛い小型ガが後からついて来たりする。こうした出来事は、ヤブカの襲来にも耐えられるほどの励みになった。ガのなかには樹液を吸い終わると、近くの木の葉や家の軒下に飛び移って眠りに入るのんびり屋も多い。近づいたくらいでは飛ぼうともしない。「捕食者に食べられてしまわないか」とちょっと心配になり、しばらくそばについてやったこともある。

　長年、昆虫たちからもらった面白さと感動、安らぎに後押しされて、撮影と観察に没頭してきた。その集大成を収録したところ、1冊に収まりきれず全2巻になってしまった。第2巻にはコウチュウ目、カメムシ目、ハチ目を含む100科325種を収録予定である。本書に続き第2巻でも、昆虫観察の世界を楽しんでもらえれば幸いである。

　最後に、本書の編集を担当した緑書房の川音いずみ氏に深く謝意を表す。

2012年8月

鈴木 欣司・悦子

『昆虫好きの生態観察図鑑Ⅱ　コウチュウ・ハチ・カメムシ他』

収録内容：12目 100科 325種

○**コウチュウ目**：ハンミョウ科／オサムシ科／ハネカクシ科／クワガタムシ科／センチコガネ科／コガネムシ科／タマムシ科／コメツキムシ科／ジョウカイボン科／ケシキスイ科／オオキスイムシ科／オオキノコムシ科／カツオブシムシ科／テントウムシ科／ゴミムシダマシ科／クチキムシ科／アカハネムシ科／アリモドキ科／カミキリモドキ科／カミキリムシ科／ハムシ科／ヒゲナガゾウムシ科／オトシブミ科／ゾウムシ科／オサゾウムシ科／ホタル科

○**ハチ目**：ミフシハバチ科／ハバチ科／コンボウヤセバチ科／コマユバチ科／ヒメバチ科／ツチバチ科／ドロバチ科／クモバチ科／セイボウ科／スズメバチ科／アナバチ科／ハキリバチ科／ミツバチ科／コハナバチ科／アリ科

○**カメムシ目**：セミ科／アオバハゴロモ科／ハゴロモ科／ツノゼミ科／アワフキムシ科／キジラミ科／カタカイガラムシ科／アブラムシ科／ハネナガウンカ科／オオヨコバイ科／カスミカメムシ科／グンバイムシ科／サシガメ科／ホソヘリカメムシ科／ヒメヘリカメムシ科／ヘリカメムシ科／ナガカメムシ科／マルカメムシ科／キンカメムシ科／ツチカメムシ科／ツノカメムシ科／エビイロカメムシ科／カメムシ科

○**トンボ目**：カワトンボ科／サナエトンボ科／トンボ科

○**バッタ目**：バッタ科／ヒシバッタ科／キリギリス科／ツユムシ科／コオロギ科／マツムシ科／コロギス科／ヒバリモドキ科／カネタタキ科／カマドウマ科

○**カマキリ目**：カマキリ科

○**ハエ目**：アシナガヤセバエ科／ガガンボ科／ヒメガガンボ科／ケバエ科／ミズアブ科／アブ科／ツリアブ科／ムシヒキアブ科／ハナアブ科／ミバエ科／フンバエ科／クロバエ科／ヤドリバエ科

○**アミメカゲロウ目**：ウスバカゲロウ科／クサカゲロウ科／ツノトンボ科／ヘビトンボ科

○**シリアゲムシ目**：シリアゲムシ科

○**ゴキブリ目**：ゴキブリ科／チャバネゴキブリ科

○**カワゲラ目**：カワゲラ科

○**トビケラ目**：ヒゲナガカワトビケラ科

写真(左から)：ヤマトタマムシ、オオセイボウ、ツマグロオオヨコバイ、ツチイナゴ。

■著者プロフィール

鈴木 欣司（元県立高校生物科教諭）／**鈴木 悦子**（元県立高校理科実習助手）

夫婦ともに埼玉県生まれ。フリーランスの動物写真家として活動中。長期にわたって日本の各地を夫婦で訪ね、北海道道北・道東のニホンジカ、ナキウサギ、シマリス、奄美大島ではアマミノクロウサギ、アカショウビン、チョウ類、伊豆沼ではマガン、東六甲山ではイノシシなどの観察・撮影を行う。この他に外来種および分布拡大種の調査なども行っている。

主な著書
『首都圏野生の紳士録』（東京新聞出版局）、『アナグマファミリーの1年』（大日本図書）、『モモンガ日和』（東京創元社）、『身近な野生動物観察ガイド』（東京書籍）、『日本外来哺乳類フィールド図鑑』（旺文社）他。

主な連載
朝日新聞夕刊「いきてる・異郷に暮らす」「いきてる・獣のいる風景」「春告げ鳥」、朝日新聞日曜版「自然ふしぎ・春の森から」「自然ふしぎ・秋の北八ツ」、東京新聞「身近なエイリアン」、産経新聞「異郷に暮らす生き物たち」、毎日小学生新聞「外来どうぶつ図鑑」「母と子の動物図鑑」、日経サイエンス「外来どうぶつミニ図鑑」、子供の科学「日本外来種列島」、岳人「山に羽ばたく鳥たち」他多数。

昆虫好きの生態観察図鑑 I　チョウ・ガ

Midori Shobo Co.,Ltd

2012年10月20日　第1刷発行

著　者	鈴木　欣司、鈴木　悦子
発行者	森田　猛
発行所	株式会社 緑書房 〒 103-0004 東京都中央区東日本橋2丁目8番3号 ＴＥＬ 03-6833-0560 http://www.pet-honpo.com
印刷所	株式会社 アイワード

ⓒ Kinji Suzuki, Etsuko Suzuki
ISBN 978-4-89531-143-4　Printed in Japan
落丁、乱丁本は弊社送料負担にてお取り替えいたします。

本書の複写にかかる複製、上映、譲渡、公衆送信（送信可能化を含む）の各権利は株式会社緑書房が管理の委託を受けています。

JCOPY〈（社）出版者著作権管理機構 委託出版物〉
本書を無断で複写複製（電子化を含む）することは、著作権法上での例外を除き、禁じられています。本書を複写される場合は、そのつど事前に、〈（社）出版者著作権管理機構（電話03-3513-6969、FAX03-3513-6979、e-mail：info@jcopy.or.jp）の許諾を得てください。
また本書を代行業者等の第三者に依頼してスキャンやデジタル化することは、たとえ個人や家庭内の利用であっても一切認められておりません。